MASTERING
ADULTHOOD

成年人
情——绪
自救手册

[英] 拉腊·菲尔丁 著
Lara E. Fielding

张心怡 译

民主与建设出版社

·北京·

序　言

恭喜！你翻开了这本书！

无论你是正在寻找人生的意义，还是仍在思考你的人生目标，抑或是对自己的人生目标有了头绪，只是很难获得朝正确方向前进的动力。总有些东西一直在阻碍你成为一名合格的大人。你可能正因为缺乏动力或情绪波动而煎熬，以至于无法在自己规划的人生道路上更进一步，而这反过来又让你越发丧失斗志、情绪失控，对吧？

你需要为你之后全部的人生负责，当面对这一事实带来的压力时，丧失斗志和情绪失控是极其糟糕的态度！要成为一个合格的大人一直很困难，当下尤为如此。在当今的数字时代，一切都在快速发展，风险更高，竞争更激烈。因此，在这样一个复杂的世界里，你往往会缺乏来自外界的有效支持。

外部因素带来的多重压力让很多人感到无所适从，他们迫切需要找到方法来应对成年世界的新常态，你对此有同感吗？焦虑、悲伤、愤怒、缺乏动力、摇摆不定，这些消极情绪会阻碍你追逐目标和人生意义的脚步吗？如果答案是肯定的，那么你翻开这本书是一个正确的选择！

当你选择翻开这本书，我想你并不希望自己存在的意义完全来源于"成为大人"，也并不想在成年人的各种世俗责任中苦苦挣扎。

当然，知道如何照顾成年后的自己十分重要，但更重要的是，你需要知道你必须做的那些事情到底为什么对你来说很重要？这本书旨在让你拨开生活的表象，对你的人生进行更深层次的审查，找到那些能够让你为之一振的东西，并培养你的适应能力，让你能够更加有意义地成为一个合格的大人。这本书将帮助你构建你真正想要的生活，而不是一边躲避人生中突如其来的意外，一边得过且过！

现象之下，找到根源

这本书并不面向某个特定的人群——书中的技能适用于任何人，所以无论你是否受到焦虑或情绪障碍的困扰，本书都能够改善你的心理健康状况，也能够防止你再度陷入消极情绪。我们的身心就像花盆里的花，这是我们可以通过表面看到的，但花盆底部存在着一个系统，控制着花的生长，而这个系统才是我们在这本书中所要研究的！我们都是普普通通的"人"，所以我们都会在生活中产生某种程度的焦虑或不良的情绪。因此，了解陷入这些情绪的原因、掌握从这些情绪中走出来的方法，对每个人都会有帮助。书中提到的技能不仅能帮助你改善心理健康状况，而且能从根本上解决你的身心问题，修复你的情绪系统。

本书讨论的主题为情绪失调，这是让你斗志丧失、情绪失控和焦虑不安的根源。情绪失调并不意味着你是一个没有自控能力的疯子。虽然这种表达听上去会给人这种感觉，但你的确可以控制自己的情绪调节系统。情绪调节是一种能力，让你能够灵活地适应环境的要求（格罗斯和米诺，1995）。当生活发生重大变故，让你倍感压力时（比如一个新的人生阶段、开始一份新工作、发展一段关系，或者做任何重大的人生决定），你的情绪调节系统自然会变得难以控制。所以，相比那些没有波澜的人生，你在这种情况下就更需要提高自己的情绪调节能力以适应变化。

压力和改变（或者改变的需要）会使你的情绪调节系统更容易脱离正轨，从而影响你调节情绪的能力。我相信你一定遇到过以下这几种情况——你为一件事情感到十分焦虑、难过或愤怒，却无法摆脱这种感觉；你想忘记某件事情继续生活，却无法忘记；你感觉生命变成了一个无休止的循环，毫无新意。这些都表明你的情绪调节系统出现了故障。

但你可能不太会想到这一点：情绪系统的失调可能是由于调节不足导致的，但也可能是因为调节过度！如果是调节不足，你会更容易注意到自己的情绪失调，因为你会出现情绪波动和焦虑的典型症状：悲伤、易怒，甚至可能是恐慌发作。而调节过度，也会带来一些其他的问题。你可能不会感到悲伤或焦虑，你更可能会感到无聊、没有动力或无法因生活中任何事物提起兴趣。我们会习惯性地对压力和改变做出上述反应，而造成这些问题的根本原因是缺乏情绪调节的能力。

依靠正念摆脱困境

正念恰好能够重新启动我们的情绪调节系统。有关这个既新潮又古老的提高专注力的技能，你可能已经听到过一些观点。有大量的科学研究表明，正念可以帮助你培养一种高度集中的注意力，在生活压力的面前，你需要用这种专注力来应对。许多人都在学习正念，因为正念的确能够有效缓解焦虑和不良情绪。

在日常生活中，我们总是会受到各种信息的干扰，我们的注意力越来越难以集中。在这个即将进入的成年人世界，你该如何保证自己不被外界的干扰湮没，而始终坚持自己追求的目标呢？你将在本书中学到一些非常有效的正念和自我调节技能，这些技能会帮助你集中自己的注意力、掌控自己的情绪并预防自己被情绪失调压倒。这些方法会让你切实感到游刃有余。

保持实践精神：坚持练习

书中的练习来自基于正念的认知行为疗法（CBT），这种疗法经常被用于缓解压力和调节情绪（有时被称为CBT的第三波），它的效果得到了海量证据的支持。为了能够让你更好地适应成年生活，本书最重要的特点之一是让这些练习对你来说更具有实际应用价值。你可以在本书附赠的《练习手册》中找到可能需要的工作表，也可以准备一个笔记本记录你的练习。

我为何乐于提供帮助：有关我的一点介绍

你可以看到，我很乐意分享这些技能，这些都是我在佩珀代因大学任职副教授时教给研究生或私下传授给其他学生的。我之所以如此兴奋地与大家分享，是因为我目睹了持之以恒地学习和实践这些方法会如何改变人们的生活。

同时，我也看到了许多人由于缺乏这些技能，而被毁掉了人生。我刚成年的那个时代充满了竞争，看到我爱的人不断被强烈的情绪波动和进入成年世界的压力打败，我立志成为一名心理学家。虽然我没能帮助他们改变人生的轨迹，但即使是为那些我能够帮助到的人提供支持也让我感到十分满足！

我认为我们的心理健康与我们如何进行自我关怀有关。现有的研究证明：我们的心理健康状况在很大程度上受到我们的日常习惯和应对方式的影响。

也许你现在正在经历情绪波动，花了一段时间才找到正确的道路，我曾经也是一样。我15岁就从高中辍学了，直到30岁才开始在圣莫尼卡学院学习，正是在那里，我开始研究压力和情绪相关的心理生理学，我知道我在自我关怀如何影响心理健康方面有了一些有意义的发现。在获得佩珀代因大学博士学位之前，我继续在加州大学洛杉矶分校和哈佛大学学习与压力和情绪有关的心理生理学，并专注于正念干预。

现在，我工作的全部意义都在于让人们能够尝试并负担得起心理学的最佳练习，并且使这些练习能够满足人们的需求。无论你是想进行相关的临床治疗，还是只想改善你的心理健康状况或防止情绪再次失控，练习这些技能都可以让你达到你的目的！我正是通过传授这些技能，来帮助并指导我的客户进行自主的情绪调节。我写下这本书的目的与我工作内容的本质相同，都是为了提出建议、提供支持和验证理论。但只有采取正确的步骤，你才能找到真正属于你的人生道路。

你准备好揭开有关自我的巨大奥秘了吗？

就像我在办公室做的工作一样，这本书会要求你仔细回想你的经历。虽然我无法直接倾听你的故事，但我会问你一些问题。你可以听到自己的回答，这样，你就能像我一样进行自我关怀。

你需要在阅读本书的同时做些笔记，记录下你对"暂停练习"问题的回答。我建议你尽可能完成这些练习，无视这些练习（即使你认为你已经在脑子里回答过了）就等于你的治疗师没有倾听你的叙述，也就没有办法了解到你的需求。买一本特别的笔记本来纪念你即将开始的旅程，这可能会有很好的象征意义。任何一本自助书的目的都是作为一个指南，帮助你为自己提供支持。现在，你是否愿意开始这项自我探索的冒险？你准备好揭开有关自我的巨大奥秘了吗？

暂停。 你注意到了？你对这些呼吁你行动起来的话有什么特别的反应吗？你感到精力充沛？犹豫不决？还是有所怀疑？无论你感到兴奋、怀疑、好奇，还是胆怯，你都能够迈出旅程的第一步吗？你能将自己前进的意愿付诸实践吗？

目 录

contents

CHAPTER

第一部分

意识到普遍的自我

第

1

章

∨∨

束缚我们的情感习惯

重复做的那些事情造就了我们。因此，优秀不是一种
行为，而是一种习惯。

——亚里士多德

那是一个星期二的晚上，11 点 47 分，我的来电显示上第三次出
现了杰西卡的名字。电话辅导是她治疗计划的一部分，所以她打来
电话也不是什么稀奇的事。由于担心缺乏情绪调节技能可能会使患
者的情况恶化，我曾有意识地邀请我的治疗客户在努力锻炼这些技
能时积极寻求帮助。当杰西卡第三次打来电话的时候，已经是深夜了。

我对杰西卡再次打来电话的担心源自两个方面。第一，这是她
第三次打电话给我，那天早些时候，我们已经进行了两次情绪调节
技能的练习。但她有一个更加不利于健康的习惯需要解决：她倾向
于寻求大量的安慰，这常常导致她与朋友和亲人的关系破裂。杰西

卡最深切的愿望和治疗目标是建立更好的关系，克服她对被遗弃的深深恐惧。我们一致认为，要想做到这一点，她必须学习如何更有效地进行内部调节，而不是过分依赖外部安慰。

在那一刻，我低头看了看手机，不得不做出选择：要么接电话，缓解杰西卡的绝望情绪，同时消解由我自己的同情心带来的困扰，但这肯定会强化她寻求安慰的倾向；要么不接电话，但这有可能引发她产生最黑暗的被遗弃感。我坚信，通过之前的电话，我们已经复习了三项她以前曾成功使用过的情绪调节技能，因此，我没接电话。我必须让她有机会实践她的技能，让她意识到她可以自主处理情绪问题，而不需要诉诸她以前的情感习惯。第二天，当我在会议上看到她时，她说，虽然我没有接她的电话，但她似乎没有那么沮丧了。她笑了笑，接着说道："是的，我知道，我掌握了技能。"我们愉快地击掌庆祝了一下，继续进行下一个话题。

从成年的那一刻起，我们就会被赋予一项新的任务，要做一个合格的大人——承担责任，这是我们在这个星球上实现自己理想生活的代价。一路上，我们都会面临许多抉择，就像那天晚上杰西卡和我所面对的一样。在潜意识中，我们试图以一种特定的方式回应、接触和参与这个世界。我们是应该跟随内心的冲动，去倾听情感的需求？还是做出一些更有利于实现长期目标、建立理想生活的决策？有时候，我们需要倾听、顺从自己的情感；而另一些时候，我们要选择以另一种方式作出回应。正是通过不断平衡这两种选择，我们才能够定义我们的人生道路。

我们是拥有习惯的生物

像我的许多客户一样，杰西卡在建立成年生活的过程中经历了艰难的过渡期。对她来说，迈入大学校园生活是一个转折点，揭露了那些会阻止她进步的情感习惯。她所做的一切并没有错，当我们陷入困境时，寻求帮助并不是坏事。杰西卡只是在做她父母一直鼓励她做的事情，所有合格的父母都会鼓励孩子主动寻求帮助。但是我们在生活中总会面对升级版的问题，杰西卡也是一样。由于情况发生变化，那些过去能够帮助她渡过难关的方法不再有效了。

人类最基本的自动反应过程构成了我们情绪和动机的基础。我们都容易陷入这些陷阱，因为人类天生就有形成习惯的能力。在很大程度上，习惯使我们的生活更加容易。我们不需要花精力思考我们每天重复从事的平凡工作，不需要在每次上车的时候都重新学习如何开车。你可以一边刷牙一边想别的事情，也不必为了穿上裤子而绞尽脑汁，这节省了你的内部资源！我们的大脑能够将有意识的、有目的的活动转变为习惯性的、自动化的活动，这种能力越强，大脑就越有发挥创造力的空间去解决问题和完成新的任务。习惯是一个很好的解决方案，能够提供我们需要的效率！

人类天生倾向于做更多让自己感觉良好的事情，也会自然而然地逃避让自己感觉不佳的东西，而习惯就是这样形成的，十分简单。但这种简单意味着，任何一种思考或行为，只要能以某种方式减少不适或增加快乐并随着时间的推移而不断得到重复，都可能成为一种习惯。一旦某种习惯根深蒂固，它就会像一条机械化的反应路径，让我们自动朝着一个方向行进。我们会无意识地建立联系，然后某个行为就会变成一种由直觉驱动的应激反应。

更不利的是，当我们的行为、思维和感觉模式变得越来越像一种自动反应的习惯时，它们会不再受到我们意识的控制，事情似乎"就这么"发生了。杰西卡并不是有意要反复打电话或发短信给我，她只是在求助于一种陈旧的寻求安慰的习惯。

习惯模式的自动化程度不断加深，会让我们很难认识到它的本质。我们几乎不会注意到曾经能够满足我们需求的东西现在已经不再起作用。我们陷入了死循环。在我们开始深入探究之前，我们并不了解自己的想法，也没有朝着我们的目标前进，我们只是停滞不前、丧失斗志。这听起来像你吗？

🖊 **暂停。** 花点时间考虑一下你为什么拿起这本书。你在生活中的哪些方面会有这种被困住、失去动力的感觉？请在你的笔记本里写下你的答案。

解决方法成了问题本身

经他人推荐，埃迪找到我来治疗他的重度抑郁症。他正与所有典型的情绪低落症状作斗争：丧失兴趣、感到疲劳和思想消极，有时他会不想再活下去。他的状态很差，以至于他每天都在急切地想让自己感觉好一点，而不是更差——睡觉、吃垃圾食品、玩游戏，或者只是看着电视放空。他很孤独，但社交场合会使他焦虑不安，所以他避开了不太熟悉的人。简而言之，埃迪的生活正在被他的情感习惯所消耗，他解决内心不适的办法成了问题本身。

情感习惯是一种为了得到即时满足而牺牲长期目标的思维和行为方式，也许能让你从生活的痛苦中获得短暂的解脱，但也需要你为此付出沉重的代价。滥用药物、吸烟、不健康饮食可能是最明显的例子。但是事实上，任何旨在减少不适或增加幸福感的思维和行为方式，一旦开始妨碍我们去做真正重要的事情时，都有可能成为问题。

功能何在？

我们并不能将情感习惯一概而论地定义为"好习惯"或"坏习惯"。在本书中，我们关心的习惯是那些旨在增加舒适度、减少不适感，却破坏了你真正的目标和理想成年生活的习惯。更微妙的情感习惯会悄悄地出现在你的身上，它们往往看上去像是所有正常人都会做的事情：谁没有沉迷过流媒体电视、迷失在社交媒体中，或偶尔沉溺于食物或饮料呢？真正的问题不是你做了什么，而是习惯的目的或功能开始破坏你的状态。

即使是看似"好"的习惯，也会成为由情感驱动的行为和思维模式，阻止我们追求一种充满活力和满足感的生活，完美主义、过度的优柔寡断和工作狂都是很好的例子。我们都喜欢自己精神满格，呈现出自己最好的状态，并享受成功带来的鲜花和掌声，但当我们过度依赖这些能够让我们自我感觉良好的情绪时，也会出现问题。不愿意体验不确定性和失望情绪，会让我们盲目地追求快感，而不是真实的想法。

暂1停。 你是否已经意识到自己的一些习惯可能会让你在短期内感觉良好，但却对你实现长期目标没有什么帮助？请把这些习惯记在你的笔记本上。

通过浏览妮娜的社交媒体主页，我们发现，她有一份值得骄傲的工作，也常常能与帅气男友面带微笑地共进晚餐。她看上去的确是人生赢家。但随着焦虑和易怒情绪的不断侵入，妮娜以前的情绪控制习惯开始失去效用。她的男朋友担心她的情况会越来越糟，于是在他的坚持下，妮娜找到了我。

她冷淡而拘谨地走进我的办公室。作为一名心理医生，我的工作就是通过情感暗示，了解他人的需求。但我很难理解妮娜的想法。在我们沟通的过程中，我发现这是妮娜情感习惯的一部分。她追求完美主义、关闭情绪信号，这有助于她缓解令自己不舒服的焦虑和沮丧情绪。

小时候的妮娜了解到，如果她努力学习并且表现出色，就可以躲过她过度紧张的父母那似乎永远不会停止的唠叨。于是她呈现出了一种假象，让他们放松了下来，也为自己赢得了自由，能够做自己想做的事情。你能看到她的这种行为模式是如何得到巩固的吗？表达感情会让她因父母的关注而感到窒息，而隐藏自己的焦虑则能够获得赞美和做自己喜欢的事情的自由。在她成年以后的世界中，这一点可以被解读为"亲密的关系都会让我感到窒息"。

当曾经有效的方法失去效用

对妮娜来说，表现出有能力的样子不管在学校还是在职场中都很重要。但当她升职后开始一份新工作时，她的习惯并没有那么有效。妮娜面临的最直接的问题是她在社交场合中不断加剧的焦虑。完美主义也许对于完成熟悉的工作和维持现状很有效，但却是社交方面的杀手。

在社交场合中，人们会喜欢你，并不是因为你做了什么，而是你让他们产生了怎样的感觉。而妮娜那略带冷漠的完美主义虽是由她内心的焦虑所驱使，但却会被她的新同事们解读为"难以相处"。仅仅表现自己的工作能力是无法让她与同事们建立情感纽带的。这使得他们对她的态度不是很友好，他们当然也不愿意在她过渡到新岗位时给予她所需要的支持。显然，所有的这些都加剧了她的社交焦虑！

随着时间的推移，我们形成了自己的情感习惯模式。在某些时候，这些模式发挥作用完全是为了让我们能感觉好一点，或者满足我们的需求。但当我们面临巨大的生活压力或转变时，它们却不再发挥作用，这很令人烦躁。想想你在生命中的什么时候会面临最多的压力和转变？是的，当你迎接一个新的开始的时候！新的学校、新的工作、新的恋情、新的公寓……在你生命中的这些时候，一切都是全新的、不断变化的！

　　转变本身就是一种压力，因为改变需要我们的自我调节能力，所以我们的习惯需要常常更新。如果你平时去的杂货店经过了重新装修，里面的商品不再按照你熟悉的位置摆放，这多烦人啊？最开始的几次，你可能会下意识走到产品原来摆放的位置，但现在你不得不停下脚步，转身，找到现在农产品的摆放位置。你必须适应杂货店的新环境，生活也是这样。然而，在生活中，这些变化是不断发生的，而且更加微妙。因此，我们并不能明确自己停止、改变和适应的需求。

　　暂停。你能意识到自己最近需要应对的一些变化（或者改变的需要）或者生活压力吗？请把这些写在你的笔记本里，以便自己能够意识到可能对自己产生影响的环境因素。

　　由于对环境的变化不够了解，我们很多时候只是注意到事情并没有按照我们眼中"理所应当"的样子顺利进行。所以当我们没有取得进展，或者因为没有达到期望而感觉很糟时，我们该怎么办？

很多时候，我们会在曾经有效的方法上压下双倍的赌注，就像有轻微的强迫症一样，你可能会更多地尝试让你感觉更好，或者至少不会让你感觉更糟的习惯，并希望它们能再次起作用。但在某些时候，你会发现曾经有效的方法带来的效果越来越不明显。

事实上，你为了应对情绪问题所采取的行为常常会引发一个新的问题。在家的时候，杰西卡通过家人和朋友的安慰来解决情绪问题的方法是十分有效的，但到了大学里，这种习惯会给她造成更多的孤独感和疏离感。同样地，在学校和一些熟悉的工作上面，妮娜的完美主义是有效的，但这种习惯让其他人不敢与她接触，而这只会加重她的社交焦虑。埃迪对社交场合的回避和不良的生活习惯在短期内可能会起作用，但却会使他的抑郁情绪和焦虑症状恶化。你明白我的意思了吗？很多时候，解决方法会变成问题本身。

在本书中，你将了解一些常见的情感习惯模式，也能够学会如何识别自己的模式。要点在于，我们为避免、控制和尽量减少情绪不适所采取的行为会成为我们的情感习惯，成为我们的盲点。这些习惯是反射性的、自动的，不受我们意识所控制。但如果我们能够学会观察分析自己个性的两个极端，我们就能够很好地从宏观层面了解这些日常习惯模式是如何出现的。

情绪调节过度者和情绪调节不足者的个性

我们经常听到人们会对个性做出普遍的、概括性的陈述："哦，那只是他的个性。"人们会这么说，好像个性是刻在石头上的，是确定了的，永远不会改变的。但正如我们现在所知道的，哪怕是由基因决定的特征也会受到生活经历和环境因素的影响，个性也是如此。

个性被定义为思维、感觉和行为模式方面的个体差异。如果我们的个性是个人模式的总和，而这些模式又是个人习惯的总和，那么我们可以认为个性是会变化的，因为我们可以改变我们的习惯！即使你个性中有一部分很难被改变，但你的情感习惯依然会对你的生活产生巨大的影响。

人格发展的一个重要方面是在两个极端之间的杠杆上寻找平衡点。随着我们的成长，我们努力在我们的身份认同需求中找到平衡。我们就像小鹿斑比，试图找到真正的自我以及生命的意义。一路上，我们从一个极端跌跌撞撞地走到另一个极端。杠杆的一端是我们的人际关系需要。我们都知道，要想与他人保持良好的关系，有时必须妥协，放弃自己的欲望。我们身边的人会参与我们的生活并为我们提供支持，这是我们幸福的重要组成部分。而杠杆的另一端是自我定义。为了建立自己连续、独特的身份认同，有时我们需要设定界限，将自己与他人区分开来。为了做到这一点，我们需要先言明自己的需求。你从小养成的那些心理习惯反映出了你为了在两个极端之间找到平衡所做出的努力。

　　过度倾向于任何一个极端都会让我们的反应失去灵活性和适应性，而我们需要合适的反应机制来有效地协调人际关系、实现职业目标以及追求我们想要的自由。你需要具备平衡这两个极端的素质，并根据具体情况决定自己应该如何调节自己的情绪。这些情感习惯和个性倾向决定了你到底是一个情绪调节不足者，还是一个情绪调节过度者。

城堡—乡村比喻

　　城堡—乡村比喻简化了这一理论，通过这个比喻，你可以大致了解你的习惯模式是如何逐步建立的，以及它有哪些益处和坏处。在阅读这一部分时，你可以思考是否对某一种模式有独特的共鸣：你更像一个城堡居民——一个情绪调节过度者？还是一个乡村居民——一个情绪调节不足者？这是本书的一个缩影，告诉你应该在自己日常的情绪习惯模式中寻找些什么。想象一下，一个充满了小型领地的世界，每个领地都有一座城堡，有国王或王后，还有一些普通的居民。

城堡居民

城堡居民遥不可及，他们住在高高的山上，城堡外竖立着高高的墙壁。所有的城堡都会竖起这些墙，保证安全并彰显优越感的同时隐藏脆弱。城堡里的人们投入了大量的时间和精力来保持这种不可战胜的形象。无论是身体的强健还是财富的累积，每一次成功都加固了他们周围的保护墙。

这些墙是为了保护国王和王后免受墙外危险的侵扰，我们许多人在处理压力和强烈的情绪反应时也会采用类似的方式。在某些情况下，这是一种非常有效的方法。从表面看来，像妮娜一样的城堡居民似乎是人生赢家，他们有一定的权力和地位，经常能够很好地组织一个团体，并得到他人的助力。这种自我保护的方法在某些情况下十分有效，例如处于领导地位时或遭遇危机时。这样看来，竖起城堡的围墙是一件再正确不过的事情，能够保护我们免受入侵者的骚扰。

"所以呢？"你可能会问，"如果这种方法是有效的，我们为什么不直接使用这种方法呢？"问题出现在这里：妮娜的经历告诉我们，如果盲目使用这种自我保护策略会带来不必要的麻烦。我们需要为这种机制付出代价，与他人产生嫌隙，甚至遭到孤立。在某些情况下，高大的城墙会成为愤怒或嫉妒产生的根源，并引发外界的攻击。当攻击来临时，城堡居民只能保持沉默，并增加一层保护。他们会收起吊桥，关上大门。

这些厚实的墙壁引发了两个常见的问题。第一个问题在于，不断增加的城墙厚度可能会让人们感到更安全，但你认为城堡居民对墙外环境的了解程度会受到怎样的影响？他们长时间生活在厚厚的墙里，看外界的视野变得狭窄、扭曲。他们在墙壁竖起之前接收的信息永远不会更新或遭到反驳，因为新的信息完全无法越过又高又厚的墙壁进入城堡。你发现问题了吗？城堡围墙外的世界（或环境）正在不断变化着，而城堡里的人们只能根据落后的信息保护自己。当城堡居民正在经历生活中的重要改变时，这一问题将变得尤其严重。

对妮娜来说，她试图固守完美主义、不与外界沟通的习惯，让她无法对实际情况的要求作出回应。她没有让新同事参与进来，也没有适当地寻求所需的帮助，而她的表现也在无意中向别人传递出了"我不需要，走开"的信息。她的习惯让她无法富有创造性地解决问题，这导致她的被孤立感更加严重，也更加感受不到支持。

城堡居民面临的第二个问题在于他们倾听、容忍自己和他人情绪的能力。城堡居民常常能够让自己回避令人不适的感觉和令人不安的想法。但这些想法和感觉却能够让我们真正了解到底什么才是对自己有意义的，我们在书中也会谈到这一点。防御过度的城堡（又称过度调节）会让我们对事物失去兴趣，也会让我们不知道自己到底渴望什么。同时，城堡居民无法通过他人表达的情感与对方建立联系，而这会导致双方矛盾的产生。可以说，城堡居民具有一定的固定思维，比如："我在隔离不良情绪方面做得非常出色，其他人也应该是这样！"他们认为，情绪、负面想法和情感都需要被控制、无视、隐藏。因此，当处于城堡模式时，我们很难产生同理心。但我们的城墙迟早会在攻击或批评下变得不堪一击，到那时，城堡里的人们也并没有真正体会过自己的感受。因此，一旦被穿透，城堡墙壁就会在一场情绪化的巨大风暴中崩塌。

乡村居民

乡村居民与城堡居民恰恰相反，他们常常能够体会到自己的感受。这些敏感的灵魂富有创造性，它们往往属于艺术家、演员、作家等。这些人会将强烈的情感注入他们的生活、工作或家庭中。乡村居民能够体会到满满的爱与恨。强烈的情绪能够让他们达到巅峰状态。

亲密关系对他们来说往往极其重要，这导致他们忽略了自己真正渴望的东西。他们是如此希望能够维持与他人建立的联系，以至于他们会允许身边的人为他们做出决定。为了维持这种联系，乡村居民往往付出得太多而无视了自己的需要。在很大程度上，他们这样做是因为他们想取悦别人，也想通过自己的付出证明与他人建立的联系是真实的。然而，当他们失去这种联系并感觉到他人正在期待他们的付出或认为他们的付出是理所当然的时候，他们就会产生怨恨和愤怒。

　　这就是杰西卡所经历的。在我们的交谈中，杰西卡发现，当没有人倾听她的意见时，她会感到无所适从。她的性格极其敏感，这让她甚至能够察觉到一瞬间的轻视。她觉得与新认识的人进行日常谈话平淡无奇且令人讨厌。这是因为，她小时候展现出的良好行为往往会遭到父母的忽视，而只有她遇到某种严重的危机时，她的父母才会给予她有意义的关注。杰西卡将这种模式解读为：如果想满足自己的需求，就必须进行强烈的自我表达。这成为她的情感习惯。

　　乡村居民能够深刻体会到自己的感受，因此他们很难不采取行动。这是杰西卡经常向我述说的一个苦恼，同时这也解释了她为什么会因情绪而感到无助。城堡居民阻止情绪对他们的行为产生影响，而乡村居民却往往会被情绪所控制。"如果我能够感觉到这种情绪，那它一定是真实存在的！"乡村居民倾向于这么想。然而，这会导致乡村中出现很多混乱和危机。

　　乡村居民的关系也会有很多起伏。他们会打架、和好，会互相关爱，也会互相憎恨，他们十分真实！无视自己的情绪会让他们感到十分痛苦。那些性格敏感、情感丰富的村民的问题在于，乡村里的变化有时会变得让人难以承受。强烈的情绪会控制他们，削弱他们做自己喜欢的事——发挥创造力和建立联系的能力。

暂停。 你更能与哪种模式产生共鸣？表 1.1 中哪些词语能够描述你的情绪特点？在笔记本中写下你的答案，看看你更倾向于哪一种类型。

表 1.1　情感习惯模式的两极

城堡模式（情绪调节过度者）	乡村模式（情绪调节不足者）
冷酷	温暖
逻辑严谨	情感丰富
目标导向	过程导向
关注自我	关注他人
同理心差	同理心强
专心致志	难以集中
难以倾听自己的需求	难以与自我和平共处
控制欲强	放任自流
完美主义	容忍犯错
创造力弱	创造力强
过于古板	过于灵活
界限分明	界限模糊

极端情感模式的代价

几乎每个人都会发现，自己要么是城堡居民，要么是乡村居民，或者两者兼而有之。有时，不同的情况会让人遵循不同的模式。当处于乡村模式时，我们更难"坐视"自己内心的不适，对痛苦的低容忍度会使维持对长期目标的承诺变得非常具有挑战性。乡村居民会更频繁地体会到强烈、深刻的情感。当情绪变得强烈时，他们很容易失去专注力，陷入沉思和忧虑之中。情绪调节不足会导致人们陷入与不良情绪和焦虑问题的长期斗争之中。

而作为情绪调节过度者，城堡里的人们很难"倾听"自己的想法、需求和欲望，并与其建立联系。这可能会导致他们缺乏动力、兴趣、活力，也无法了解自己真正关心的是什么。他们会有更强烈的危机感，对外部环境的敏感度会降低，这会导致过度控制倾向（林奇，2018）。观念根深蒂固的城堡居民往往需要花费更长的时间才能意识到自己的问题，只有在关心他们的人的强烈要求下，或者他们的城堡墙壁受到了严重的打击时，他们才会主动寻求外界的帮助。他们的问题往往表现为人际纠纷和社交焦虑。归根结底，这些问题可能是由压倒性的孤独感和被孤立感造成的。

妮娜和杰西卡的表现分别代表了典型的城堡模式和乡村模式。她们对情绪的描述符合我在工作中经常遇到的这两种模式的特点。也有研究发现了可能预测情感模式的因素。这项研究表明，如果父母对子女的喜爱是有条件的（基于孩子的表现），那么消极的城堡模式，即完美主义导致的自我评判或自我感觉良好可能会占据上风（库兰、希尔和威廉，2017）。而父母的两种极端表现，即对于子女的情绪问题过分关注或缺乏关注，会让人更容易形成乡村模式。过度关注可能导致焦虑、抑郁以及生活幸福感的降低（莱莫恩和布坎南，2011；纳尔逊、帕迪拉·沃克和尼尔森，2015 年；希夫林等，2014）；而缺乏关注会导致较低的痛苦容忍度以及较差的情绪自我调节能力（弗鲁泽蒂、申克和霍夫曼，2005；斯特洛克和梅勒，2013）。

挣脱束缚：戒除不良的情感习惯

最理想的状态是，我们能在追求目标的过程中，根据具体的情况，选取两种极端模式中最有效的方法来管理情绪。有时，最有效的方法是竖起城墙来保护自己，保持独立，从而忍受分离和被孤立的痛苦。有时，为了与他人建立联系，感受自身脆弱带来的不适是最有效的。成功进入到成年人的世界并度过整个成年时期的关键在于，能够根据特定的环境，熟练灵活地选择和应用有效的方法。在接下来的章节中，我将引导你走上自我发现的道路。每一章都会加深你对自我的理解，让你按照自己的意愿去构建你理想的人生。像所有伟大的旅行一样，这条路上会有令人惊叹、充满荣光的时刻，也会有恐惧、无聊和沮丧的时刻。但如果不选择这条路我们将会变成什么样子？保持原状？当然不行！来吧！把这本书当作你成为合格大人的垫脚石。

第

2

章

∨∨
∨

你的身心之车：你的整体系统

> 如果一只蝴蝶在墨西哥振翅，我们可能会在中国看到飓风。
>
> ——蝴蝶效应，来自数学中的混沌理论

朋友们，一切都是有联系的！

任何事情都有原因。我们并不能总是知道这些原因之间的联系是什么。但是，开会迟到有原因、感情不稳定有原因、陷入恐惧无法自拔有原因、失去朝着目标前进的动力……是的，总有原因。

好消息是，如果你掌握了你将要学习的工具和技能，你就能够控制你的行为的系统、识别你的情感习惯，并揭开其中一些原因——那些在你控制范围之内的原因的神秘面纱。当然，总有一些事情是你无法控制的，但那只是生活的一部分。然而，正如希腊哲学家埃皮克提图所说："重要的不是你身上发生了什么，而是你会如何应对它。"

　　所以让你成为一名合格成年人的第一步就是了解这个内部相互关联的系统——这是所有人共有的"硬件",掌控那些能够让你产生不良情绪的情感习惯。无论你是更倾向于城堡模式还是乡村模式,了解你内部系统运作的基本机制,总能让你在人生中做出你想要的改变。这一章将帮助你明确你内在反应的组成部分,它们构成了刺激与反应、原因和结果之间缺失的环节。有了这些信息,你将会发现你独特的情感习惯与系统之间有何种关联,以及是什么原因导致你陷入了困境!

了解你的身心之车

　　你可以将你的身心看作自己在人生道路上驾驶的一辆车,从这个角度来思考你的幸福和生活之间的联系。从你出生的那一天起,你所经历的一切,一直到现在你在阅读这本书时拥有的身体,是你的一辆车。你驾驶着这辆车走过了你生命中的所有道路,一直到了现在这一刻。你的身心是一种交通工具,通过它,你可以感受和体验人生道路的舒适或不适。

　　当然,有很多不同种类的车辆,它们有不同的尺寸、颜色、品牌和型号。有些车更耐用,比如 SUV,可以很好地承受生活中的重担和颠簸,但可能加速能力一般,或存在一些盲点。而其他类型的车可能车型更优美、速度更快、更加灵活,却不适合越野,也需要更多的保养。我们每个人的身心之车都是独特的，有着各自不同的优势和弱点。

　　🎨　**暂停。** 你拥有的身心之车可能是什么样的？在你的笔记本里描述一下。你的车是耐用的还是精致的？与道路上其他人的相似还是不同？有着明亮的、更引人注目的颜色还是更加低调的颜色？你的车有哪些独特的优势和劣势？

　　你的大脑是否开始对你身心之车的类型提出意见？当你开始思考并关注自己的感受时，就更容易被你身心之车的想法和观点所湮没。如果你的身心曾经遭受过创伤，或者正让你感到不适，那么对你来说，关注你的身心可能成为一个挑战。现在，我请你把你的身心当作你的交通工具。问自己一个问题：开SUV还是开跑车？你可能会难以抉择。但事实是，SUV并不比跑车更好或更差，两者之间的差别取决于不同时刻所处道路的需求。

　　在一定程度上，道路需求和车辆之间的匹配程度决定了你在特定时刻所体验到的舒适度或不适感。但是选择合适的交通工具只是影响你达到理想状态的因素之一。同样重要的，也是最基本的一点：你需要注意车辆的保养和驾驶员的熟练程度。和真车不同，你不能把你的身心之车换成新车，这是你唯一的选择，所以你必须对它保持关注！这本书将告诉你如何维护你的身心之车，并让你朝着能为你的生活带来欢乐和意义的方向行进。你将学到的正念和自我关怀的技能将帮助你优化你身心之车的性能！

暂停。 当你在读这一页上的文字时，你能注意到有另外一个你，正在通过你的眼睛，阅读这一页上的文字吗？你能感觉到重量、温度和触觉吗？请把注意集中到这本书上。当你通过自己的眼睛看这本书时，你正在从你自己的身心之车里向外看。谁在集中注意力？谁是司机？

很棒的注意力！在阅读了暂停练习之后，你对这个比喻是否有了切实的体会？你既不是你的交通工具（你的身体），也不是你的内在体验（你的大脑），这一点是否变得更清楚了？真正的你可以有意识地思考你的身心感受。如果你能够反思这些经历，那么你的一部分，有意识的一部分，是超越于那些想法和感觉之外的。有道理吗？你就是那个司机！

改变情感习惯，就是要控制方向盘，把你的车开到你想去的地方，而这样做的关键在于，弄清什么对自己是重要的，并建立自己所需要的技能以处理不可避免的不适。我们往往会被自己的普遍认知困住。你也许会听到人们说："我就是这样的人"，就好像我们真的认为这些发生在别人身上的事就是我们自己所经历的。但正如你刚刚了解到的那样，我们是有意识的人类，拥有独特的能力，能够退后一步，在我们的意识中挤出一些空间，观察我们的经历。

我们的观察者部分总是存在的。

在你努力成为合格大人的过程中，你需要观察者部分做出决策，而不是依靠一些陈旧、死板的"自动驾驶"情感习惯，这些习惯也许曾经奏效，也许曾让你渡过难关，但它们现在却分散了你的注意力。作为驾驶员，你行驶的道路有时与你的车辆优势并不匹配。这意味着，相较于其他人来说，你所要处理的任务会更难。而另一些时候，你会很幸运，因为你的路会比别人的更平坦。正是通过这种主动的观察，而不是下意识的反应，你才能更熟练地应对人生的坎坷。

用户手册第一课

无论你拥有的是哪种类型的车辆，它都有一个内部相互关联的系统，能够决定你乘车时的舒适程度。就像真正的汽车一样，系统的每一个零件都有其特殊的保养需求。因此，你值得花费一些时间，来了解一下你汽车引擎盖下的情况，这样，当它出现问题时，你就知道应该到哪里去寻找问题产生的根源。

所有的汽车都有相同的主要部件：发动机、方向盘和轮胎，这些部件会影响车内人员乘坐的舒适度。同样，所有人都有一个系统能够影响我们的心理活动以及我们的日常情绪和动力。我们会通过在车内感受到的情绪、想法和行为（ETA）来感知、了解车外的情况。

我称这个思维矩阵为 ETA 调节器（ETA 为情绪、想法和行为三个英文单词的首字母组合），它在背后不停地运作，让我们对生活中各种事实的产生体验（幸福或不满）。首先，你需要了解每个组成部分在你的系统运作时起到的作用，只有这样，你才能在以后出现情绪调节过度或调节不足的情况时，有意识地使用你的技能做出调整。

情绪：驱动我们身心之车的引擎

人类与情绪有着相当矛盾的关系。我们都想拥有更多积极的情绪，比如快乐、幸福和爱，也会尽力避免那些消极的情绪，比如悲伤、失望和焦虑。我想请那些听爸爸妈妈说过"宝贝，我只希望你快乐"的人举手，你可能从小就被这么教育着长大。也许，这就是你拿起这本书的原因之一。为什么别人总是告诉你，你应该感觉到快乐？

当然，你父母这么说一定是出于好意，他们只想让你更加幸福，但在"我只希望你快乐"这个表达中，正是"只"这个字造成了麻烦。虽然父母可能不知道这个道理，但你们可以把这个道理教授给你的孩子们：我们不能在整个系统还在运行的情况下关停汽车引擎的一部分，同样地，我们也不能在事情发生时避免产生某些特定的情绪。我们的身心之车并不是为某个情绪而设计的。父母的希望是无效的。

暂1停。 试试这个练习。现在，当你读这些文字的时候，把你的注意力转移到你坐在椅子上的臀部（或者其他的身体部位）。好的，感受一下你的臀部，感受到了吗？很好！这种感觉一直都在那里，而你只是转移了你的注意力，让这些感觉进入了意识中。现在，试着不去感受你的臀部，你发现了什么？

你能不能在某个事物已经进入到你意识里的情况下，不去感受它？当然不能！当我们已经感受到某种事物时，我们不能立即停止去感受它！然而，我们常常试图在情绪方面做类似的事情。通过让一些不同的事情进入我们的脑海，我们可能会暂时摆脱消极的情绪。短暂分散注意力的效果非常好，但如果你过度依赖于分散注意力以求减少不适，你认为自己的专注力会发生什么变化呢？你可能会发现，你越是想不去感受你的臀部，你就越能感受到它！

当我们试图不去感受自己的情绪时，也会发生类似的事情。我们越想摆脱它们，就越容易陷入困境。调节情绪对于实现我们的人生目标、构建我们的理想生活起着至关重要的作用。

情绪的作用

你还记得上一次你的情绪让你全身的感官发生变化是什么时候吗？悲伤的热泪和灼热的脸，焦虑的捶胸顿足和出汗的手掌，眯起的眼睛和紧张的肌肉，还是温柔张开的双臂和柔软的嘴唇？这些令人又惊又喜的情绪海啸可以让我们进入我们自己虚拟的世界中，这可能是令人兴奋的，也可能是十分可怕的。但是没有这些情绪，我们就会失去追逐目标、关怀他人以及人际交往的动力。

我们的情绪给身体带来的变化保障了人类的生存和我们物种的延续。想一想，如果早期的人类没有情绪，会发生什么？让我们用"恐惧"举一个例子：假设你是一个原始人，白天外出打猎，在灌木丛中前行……突然，你听到身后树枝"啪"的一声，并感觉脖子后面有股热气，随后又听到了野兽的咆哮声。如果你完全依靠逻辑，没有情绪，那么当你冷静地思考你的下一步行动，会发生什么？

你会死的！

当我们的祖先挣扎着要活得足够长久，以便能将基因传给下一代时，他们必须迅速行动、迅速反应，以免被剑齿虎或其他可怕的威胁杀死，对吗？这是进化的基本前提：活下去，把你的基因传下去，适者生存。我们最基本的内在动力来源于我们的情绪！

在许多方面，现代社会及其所有的便利，使我们无意中忘记了我们最本质的需求——我们的每一种疼痛都有对应的治疗处方，无休无止的娱乐也能够将我们的注意力从现实的折磨中转移开来，每一个问题都有对应的程序为我们解决，从而把我们的需求降到了最低，也降低了我们进行自我审查、倾听我们情绪中有意义信息的能力。基于一种动物的求生本能，人类作为一个有意识的存在，情绪体现着我们最深切的渴望。总体来说，情绪有三种基本的交流功能。

通过表达情绪与他人交流

想象一下，如果一个朋友来找你分享一些对他有意义且十分重要的东西，会是什么样的情形？也许在你的脑海中，对方会皱着眉头靠向你，眼睛因泪水而湿润，讲话的语调或节奏也会与平常有所不同。所有的这些行为暗示都会让你更加关注。即使对方什么也没说，这些暗示也能帮助你了解对方的需求。

相反，如果是你寻求朋友的支持，而对方却没有任何反馈呢？如果对方和你的语气、表情差不多，你可能会觉得对方没有理解你。我们情感交流的空间是十分有限的，在这个空间里，我们会通过同理心建立与他人之间的联系。我们的情绪表达往往发生于开口之前且形式十分普遍，不因文化背景的不同而相异。你不需要别人来告诉你微笑意味着幸福，眼泪意味着难过。所以我们的表达方式跨越了语言的障碍，让我们凝聚在一起。回想一下妮娜的案例，在她阻止自己发散情绪信号时，其他人没有对她产生同理心，也没有给她提供她迫切需要的支持。当我们封锁我们的情绪时，我们会失去一个重要的、用于沟通和建立联系的工具。

情绪激发行为冲动

除了众所周知的反抗、逃跑或僵硬的反应，每一种情绪都会迫使我们产生一种特定的行为倾向。情绪会向我们的身体传递微妙的感觉，让我们产生冲动的体验并采取必要的行动来满足自我需求。悲伤让我们退缩、自我治愈；恐惧让我们逃跑、逃避；愤怒迫使我们变得更激动、更大声地与不公作斗争；而内疚促使我们做出补偿。你可以在本书附赠的《练习手册》中看到一个十分便捷的表格，里面总结了我们可能产生的各种初级情绪。如果我们忽视了我们的初级情绪，就可能会失去追求我们最深切愿望的动力和斗志。

暂停。 缺乏动力是你翻开这本书的原因之一吗？

情绪体现了我们最深层的需求

"我们因为在乎才会受到伤害，因为受到伤害才会在乎。"接受与承诺疗法（ACT）的研发者史蒂芬·海耶斯博士在 2016 年的 TED 演讲中说。情绪给我们传递了重要的信息，让我们发现自己真正关心的事情是什么。每种情绪都在告诉我们，我们在乎、珍视的是什么。当我们忽视自己的情绪时，我们可能意识不到什么才是对我们真正重要的。你根本无法在网络上搜索"我真正的使命是什么？"然后得到答案。当你真正学会倾听你的情绪时，你就是在倾听你内心深处的呼唤——实现你的目标以及追求你理想中的生活。

暂停。 看一看初级情绪表里的内容。你最希望摆脱哪些情绪？当你了解了情绪的作用，你还想彻底摆脱它们吗？这样做的代价是什么？在笔记本上简要写下你的回答。

"肮脏的情绪"：红色的鲱鱼

我猜你现在大概在想，好吧，我没有这种问题，我能够充分感知到自己的情绪！所以我才会买这书！好的，我听到了你的意见。对于所有的乡村居民，我想说，我相信你们。但是有的时候，你们太过在意自己的情绪了！我要问你们的问题是：你注意到了自己的哪些情绪？

加文找到了我,他从小就患有抑郁症,他想获得一些技巧来减轻自己的症状。多年来,他一直在接受治疗以应对酒鬼父母的情感虐待和忽视。但是在与我交流的时候,加文发现,他的悲伤实际上是由次级(甚至可能是三级)情绪引起的。换句话说,他在自己原本的情绪之上又产生了新的情绪。

加文家人的状态极不稳定,过去与他们相处的经验让他根本无法在受到嘲笑或惩罚的情况下坚持声明自己的需要。因此,他的脑海中开始出现这样的想法:"拥有与他人不同的需求是很危险的。"在图2.1中,你可以看到加文ETA调节器的双向箭头是如何相互作用的。最初的愤怒情绪让他立刻在脑海中了做出了一种假设:他无能为力。所以当他感到哪怕是一丝愤怒时,他都会变得非常焦虑。

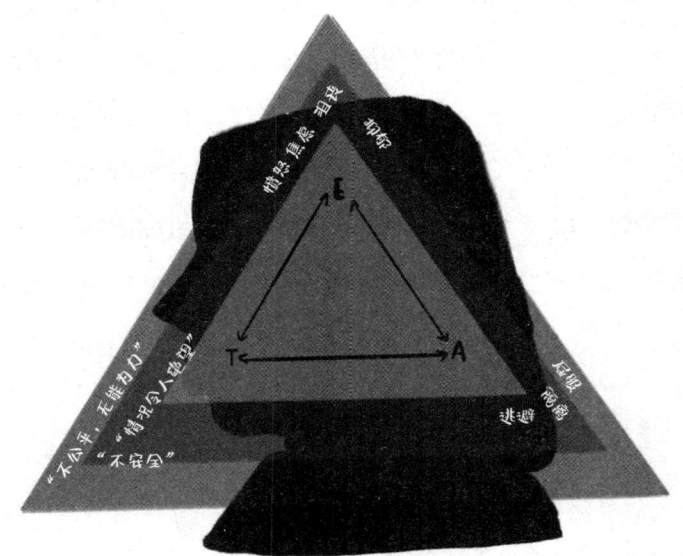

图 2.1 加文的 ETA 调节器

因此，加文并没有把"不公平"与自然的情感，即愤怒，联系起来，而是把"不同的需求"与无力和焦虑联系在了一起。

伴随焦虑而来的行为冲动往往是逃跑或逃避。随着时间的推移，加文倾向逃避的情感习惯让他积累了越来越多的经验，这些经验进一步证实了他认为自己无能为力的想法。愤怒让他焦虑不安，所以他会逃避，而不是在适当的时候表态。但是他的逃避又会增加他的悲伤、沮丧和无力感，因为他从来没有机会体验不同的结果。一旦他发现愤怒实际上是一种合理的初级情绪，他就掌握了有效的技巧，而他的抑郁症状也会随之减轻。你也能学会这些技巧，以便健康、有效地保持自信的状态并缓解焦虑。

当我们因为原本的情绪产生了另外一种情绪时，情况会变得更加令人困惑，因为它们传递的信息是无效的。这些情绪也被称为次级情绪或"肮脏情绪"——之所以"肮脏"，是因为它们不像真实情绪那样具有有效的交流价值。次要情绪就像一条红色鲱鱼，它们分散了我们的注意力，从而保护我们免受更脆弱的初级情绪的影响。但最终，它们又会把我们引入歧途，因为它们传递了一个不准确的信息。

暂1停。 想一想，当你因为悲伤而表达了愤怒的情绪时，你缓解悲伤（获得治愈和同理心）或愤怒（说"离我远点"）情绪的需求能够得到满足吗？

如果积累了太多由情绪导致的不愉快的经历，我们就会患上"情绪恐惧症"，就像你小时候被狗咬过就会害怕狗一样。在有过情绪带来的负面体验之后，我们往往会得出这样一个结论：情绪会导致不好的事情发生，表达情绪是一件很危险的事，我们应该隐藏或者压制自己的情绪。当我们与情绪相关的不良体验越多，就越容易依赖自己的情感习惯；当我们越能从情绪中获得更多信息，就越容易被这种习惯所纠缠！

暂停。 你是否有过因表达强烈的情绪而导致负面结果的经历？你对情绪有什么看法？把你的回答写在你的笔记本上。

像加文一样，你将学会如何区分有益的情绪和有害的情绪，这个技能可以引导你走向你所关心的事情，远离那些让你偏离正轨的"红色鲱鱼"。它将帮助你与你的初级情绪建立一个更好的联系，这样，"肮脏"的情绪才不会劫持你的观察者，引导你走向歧途！

想法：大脑创造的增强现实

在电影《分歧者》中，主角翠丝接受了一个有关如何应对恐惧的测试。她被困在一个玻璃盒子里，并且很快就会被水淹没。她敲打着玻璃，害怕得尖叫起来："嘿！帮帮我！"当恐惧开始发挥作用时，她不断地捶打着玻璃，直到水涨到玻璃盒子的顶部，一切都停止了。我们看到翠丝的动作慢了下来并逐渐恢复平静，她进入了观察者模式。她缓缓地用食指轻敲玻璃，说道："这不是真实发生的事情。"于是，玻璃裂开了，摔得粉碎。她从箱子里跑了出来。显然，她通过了测试。

　　我们的大脑创造了一个增强现实，这与翠丝的虚拟现实体验没有太大的不同。我们的想法实际上可以左右我们的大脑，它会让我们觉得自己正在思考的事情是真实的，而不是想象中的。我们的大脑主要会通过以下两种方式将我们困在这个虚拟的现实世界中：假设之地和思想黏性。

　　暂1亭。 你最喜欢什么口味的冰激凌？喜欢用杯子装还是用甜筒装？喜欢加些什么配料？想象一下你吃下第一口冰激凌时的感觉。你为什么会产生这种感觉？它的味道如何？现实中并没有冰激凌，它只存在于你的想象之中！

假设之地：想法存在于意识之外

有一个古老的佛教寓言：三个盲人需要对一头大象做出描述。

这三个人围着大象，每个人都通过自己有限的认知来描述自己的感受。

第一个盲人说："这个野兽像一堵巨大的墙，且表面粗糙。"

"恰恰相反，"第二个说，"这个动物的身体长而光滑，末端有一点绒毛，"他站在大象的尾部。

"别傻了！"第三个盲人说，"这是四个独立的柱状动物。"

我相信你能明白这个故事的寓意。不管你有多博学——你的认知都是有限的。每个人的认知都是有限的，但我们依然坚定地认为自己是"正确的"，而这只会让我们的 ETA 系统和情感习惯模式越来越僵化。

暂1亭。 作为一个探索者，你是否愿意以开放的心态接受自己的盲点以及你任何可能遗漏的东西？

人类是天生的创造者！通过图像和语言的刺激在头脑中进行创造是我们所拥有的独一无二的能力，这种能力能够让我们向过往的经验学习。事实上，我们并不需要真正地经历过也能够学习，而这时我们创造性的头脑会给我们带来不利影响。一旦一种想法成为一种根深蒂固的习惯，它就会把我们的思想转移到"假设之地"。一旦我们"假设之地"上的真实想法不复存在，我们就很难注意到自己真实的情绪（也很难摆脱自己的痛苦）。

我们在过去积累的经验变成了潜意识里的规则。人们总是以为世界是以自己想象中的方式运转的。杰西卡认为，其他人理应帮助她克服恐惧和焦虑；而妮娜觉得，如果她向别人求助，她就会被外界的关注压得喘不过气来。两人都根据过去的经验做出了相应的假设，而没有去收集新的信息。

暂停。 既然人人都会做出假设，那么你也会这么做。你能找出一些被你视为绝对真理的规则吗？想一想别人会如何看待这些规则。

思想黏性：情绪扰乱思维方式

我们普遍认为自己的心态是开放的。但当你通过调节情绪来激发一些情感时，某些想法会变得不可逾越！这是因为我们的情绪正在扰乱我们的思维方式。我们的思想，特别是那些能唤起强烈情感的想法，会有很强的黏附性。

进入房间时，翠丝知道自己在做虚拟现实测试。但当恐惧的情绪入侵时，她就忘记了这一事实，因为她的思想和身体开始对不断上升的水线做出反应。这种情况的确会发生。许多研究表明，即使我们被告知某个情况并不是真实的，我们的情绪反应也会占据上风，然后我们就会忘记事实。逻辑和理性再也无法发挥作用。

我们在特定时刻的情绪状态就像戴上了有色眼镜。蓝色的镜片不仅会让人看不清绿色和红色，还会在我们的视野中突出相近的颜色。同理，当我们感到悲伤、愤怒或者焦虑时，我们也会产生消极的想法。我想你已经通过自己的经历了解到了这一点。比如某一次，你完全肯定某件事已经发生、即将发生或者绝对不会发生，但是最后你却错了。你还记得类似的经历吗？是的，当我们产生了某种强烈的、与事实相反的想法时，就是我们的大脑正在欺骗我们。

行为：你最强大的盟友

作为一个行为心理学家，我真的很讨厌我们的行为对我们心理健康的影响。这是因为我们的行为——我们用脚、手和声音做的事情——是我们唯一能控制的。从面部表情和身体姿态的微小变化，到我们的日常的生活习惯和宏观决策，一切都会对我们的心理健康产生巨大的，甚至是生理上的影响。

我们很容易忽视这种影响，因为我们的每一个行为都像是我们人生海滩上的一块鹅卵石。有时，我们可以清楚地看到一次选择会对我们的幸福产生怎样的影响。但更多的时候，随着时间的推移，我们人生的海滩上也会积累下许多不良的行为习惯。

暂停。 尝试一下这个练习，亲身感受一下你的行为会如何影响你的情绪状态。现在，动用你的身体和面部表情表现出悲伤的样子：稍微驼一点背、嘴角向下，也许可以皱起你的眉毛。在脑海中记录下你这一瞬间的感受。现在，让你的身体处于舒展、挺直的姿势，放下并扩展你的双肩，眼睛睁大一点，慢慢地、轻轻地（不要强迫）让嘴角上扬。在脑海中记录下你这一瞬间的感受。

研究人员发现（德拉夫特和普瑞斯曼，2012）：我们每一次身体姿态和面部表情的简单改变都能为我们的人生海滩增添一块鹅卵石。这说明你的每一个行为都会对你的情绪产生巨大的影响。此外，你的情绪也会让你在行为上做出反应，这是一个双向的反应机制。换句话说，正如你的行为会引发某种情绪，某种情绪也会驱动某些行为。

控制车辆

这个问题很棘手，因为我们的情绪波动会很强烈，我们会感到难以控制！由于情绪传递了特定的信息，我们通常会认为做一些与情绪相悖的事情是不对的。做出与情绪不符的行为会让人感到虚假和不真实。

所以，掌握情绪调节技能是最具挑战性的部分，当你的情绪波动很强烈时，你很难主动去运用情绪调节的技能！

改变行为让人觉得困难的另一个原因在于，你的大脑也会来插一脚，它会告诉你：一切都会好起来的，仅此一次失控没有关系。你会一次又一次地产生"我不需要做出努力（来主导我的自动驾驶仪）！"和"太难了！"这两个想法。虽然这本书中的技能看上去非常简单，但要真正掌握并且控制自动驾驶仪却很难。所以就像学习任何新技能一样，这需要相当程度的投入和长期的练习。

下定决心开展行动

我们的人生由我们的实践经验构成。你的所有或大或小的行为将决定你最终会成为什么样的一个人。你在这世界上的存在由你的行为决定。

我们可以选择做一些让自己感觉正确的事，也可以选择做一些能有效让你成为合格成年人的事，为了在两者之间找到平衡，你需要知道自己追求的改变为什么对你来说很重要。当你在寻找、学习和成长的过程中，你的决心可能会经常摇摆不定，这很正常。当你感到犹豫不决时，你需要重新发动引擎——反思你为什么会做出这样的决定？花点时间，在笔记本上写下以下问题的答案，坚定你的决心。如果你感到悲观，或者发现自己正在逃避现实，请立即翻开笔记本的这一页，提醒自己为什么这样做会对你（而不是你的父母，或任何其他人）有好处。

暂停。 如果这本书有魔法，你希望它能帮你做出什么样的改变？你认为自己做出改变的最大障碍是什么？为什么做出改变对你来说很重要？十年后，你希望你的朋友、伴侣或同事能够对你的勇气和决心做出怎样的评价？

第
3
章
∨∨

乘客：劫匪和恶霸

生活很难，这是一个伟大的真理，最伟大的真理之一！
因为我们一旦真正理解了这一真理，我们就能够超越它。

——M. 斯科特·派克《少有人走的路：爱、传统价值
和精神成长的新型心理学》

"你不尊重我！"一个星期四的晚上，艾米在我的办公室里，
用一种比平常更尖锐的语气说道。"你不明白，"她接着说，"没有我，
那部门简直就是个笑话！你不应该质疑这一点。"很明显，我刺激
到了她的一个痛点。"哦，天哪，对不起，艾米。我可以看出我对
你工作的质疑让你很不爽。"我希望能够体会她的感受，以便进行
更有效的沟通。"帮我找找我遗漏了什么信息吧。"我继续说道。
人们只有在感觉不被倾听的时候才会大喊大叫，于是我沉下心来，
尽我最大的努力去倾听艾米的内心到底发生了什么。

我真的很困惑，因为当我们第一次交流的时候，艾米激动不已地告诉我她刚刚获得了一份行政助理的工作。这份工作让她有机会进一步了解自己感兴趣的行业。而现在，公司的老员工却向老板投诉艾米在人际关系上的处理方式，这让她非常愤怒。她觉得没有受到尊重。我想知道有没有什么特殊的原因让她变得如此愤怒，是上一章提到的红色鲱鱼情绪，还是更令人痛苦的初级情绪呢？

"我知道他们在公司待的时间比我长，"她解释道，"我明白这一点，但我的工作是让那个地方继续运转，他们需要理解我的处事方法！"

"哦，"我真诚、关切地回答道，"我明白我为什么会困惑了，我以为你只是在辅助那个维持公司运转的人，是我搞错了吗？"

她现在的语气更加有底气了："那只是一个头衔！我不仅仅是一个泡咖啡接电话的助手！"

问题就在这！艾米一边渴望得到尊重，一边又不屑于仅仅被视为一个助手，而在两者之间存在着一个艾米最不想触碰的点：一个脆弱的点，她利用愤怒情绪把我推开，以防止自己的脆弱被揭露。这似乎反映了一种迹象——我们在和一个"乘客"打交道。

乘客是我们思想中的敏感点，它们存在于我们的潜意识中，直到我们遇见能够触发它们的东西。乘客是我们内在反应（情绪、想法和感受）的大杂烩，它们可能会让我们做出过激的行为，给我们的生活增添不必要的痛苦。

乘客：身心之车的负担

从你的身心之车踏上人生之路的那一刻起，你就开始接收你的乘客。这一路上你会遇见各种各样的人，经历各种各样的事。随着时间的推移，我们会将我们对这些人和事的感知内化为我们身心之车上的乘客。所有的好日子和坏日子，平常的日子和特别的日子都会增加新的乘客。乘客是我们过去经历的产物，是我们的身心之车上承载的东西。（所以，你的前任并不是乘客，他只是你人生之路上的一小段事实。人不会是身心之车的乘客。）

当某些事情让你想起之前受过的伤害时，你就会注意到你身心之车上的乘客。中学的时候，艾米有过被霸凌的经历。这段经历给她带来的无助感和羞耻感，让她无法忍受。当她开始这份新的工作时，她显然处于一个不那么有权势的职位上。因此，她因初来乍到而产生的紧张感促使她对经验丰富的人表示尊重，而这进一步唤起了她中学时期的感受——她的乘客。

情绪会驱使我们做出一些不合理的事情，而我们的乘客是情绪的敏感点。它们在受到某种特定的刺激时就会引发相关的反应（感觉、想法和情绪）。它们会让你无法忍受，让你抓狂，让你心烦意乱或者直接让你想放弃。它们也会让你养成那些防御型的情感习惯。如果你发现自己会对一些别人泰然处之的事情反应强烈，那么你可能就找到了你的乘客。

还记得观察者部分吗？作为观察者，你能够意识到自己的内在

体验。当你在观察你下意识地产生一些想法和感受时，就可以发现
那些老乘客原本的面目。这些乘客能够轻易地让你分心，让你很难
达到理想的状态。你不能让它们掌控你的身心之车！只有你能控制
自己的想法和行为，让你的身心之车朝着正确的方向前进。

✎ 暂停。你人生中的哪些时刻可能会让一些乘客进入
你的身心之车？想想你过去曾经受到过的伤害。在你的笔
记本里简要记下这些给你造成伤害的经历，以及它们可能
会引发的特定情绪。

乘客警告标志

乘客使我们养成特定的情感习惯，这些习惯能够避免不舒服的
想法和感觉进入我们的意识之中。因此，要确定车上有哪些乘客，
并将其与现实中的问题联系起来，可能需要一些时间。话虽这么说，
但还是有一些方法能够帮助艾米注意到她的乘客。在接下来的章节
中，你将学到她一直在进行的练习。通过这些练习，艾米能够后退
一步，观察并发现自己存在哪些习惯性的反应模式。

艾米意识到还有一些其他的情况会让她因为没有受到尊重而感
到愤怒。她习惯性的反应模式让她不断产生相同的情绪。如果同一
个问题在我们的生活中一遍又一遍地出现，那么我们就应该去寻找
对应的乘客了。有时，艾米能够游刃有余地处理这些情绪，但大多

数情况下，艾米的行为（语调、说话方式或对自我想法的坚持）会让她暴露自己的脆弱，从而引发同事的抱怨。

事实上，愤怒是在别人越界时我们会产生的合理情绪。但让艾米对自己的所作所为产生怀疑的是她比预期更为强烈的反应。当有乘客因素参与其中时，我们原本正常的反应会变得异常激烈，因为除了当下发生的事情，我们还会受到旧伤痛带来的影响。

暂停。你有没有注意到在你的生活中，有什么特别的情况会引发强烈的反应？这些反应可能是哪个乘客导致的？

这一有关乘客的比喻（改编自哈耶斯、斯特罗萨尔和威尔逊，1999）来源于心理学家所提出有关心理健康的生物—心理—社会模式：生物（我们的身心之车）、心理（乘客）和社会（道路）之间的相互作用不断影响着我们的心理健康状况和应对方法。让我们来探索一些影响了你们这一代人的道路状况，以及常见的情感习惯。

千禧时代的道路状况

我们从小到大受到的文化和社会教育将对我们的乘客名单产生重要的影响。要验证这一点，我们只需要回想我们认识和遇到的来自不同背景的人！如果你在一个完整的家庭里长大，获得了足够的爱和关注，你的乘客名单会和那些原生家庭不幸福的人大不相同。所以正如不同的环境会影响我们对世界的看法一样，我们出生的年代也会影响我们。在 20 世纪 90 年代和 21 世纪初，你可能经历过一些关键的事件，这些事件可能会影响你的乘客名单。

在寻找乘客和情感习惯模式时，绝对不要一刀切。道路状况与你车辆的优势和劣势相互作用、排列组合，能够产生无数个乘客！如果你与我认识、治疗过或交流过的年轻人有任何相似之处，你就无法被我们近年来在媒体上看到的概括性描述所束缚。近几年来，20 多岁的人身上被贴上了各种轻蔑的标签（自恋、懒惰、自视甚高等），这些标签显然无法解释你在驾驶时必须要考虑到的真实的路况，而这些路况会影响你对生活中某些情况的思考、感受和反应方式。

更多选项：造成混乱

道路状况。由于社会的发展以及观念的不断更新，人们结婚成家的平均年龄越来越高。许多年轻人选择完全绕过这个传统的成年标志。今天，你有更多的时间去变得成熟、尝试不同的事物，直到找到你真正的使命。在这段"成年过渡期"中，你将要探索自己到底是谁以及你真正想要的是什么（阿内特，2004）。新的人生阶段带来了新的机会，你的职业道路充满了无限的可能，等待你去探索。

乘客。在你寻找真正使命的过程中，可能会出现许多让你感到焦虑和不安的乘客。统计数据能够说明这个问题！与其他任何时代相比，更多20多岁的年轻人出现了焦虑和压力的症状，这些症状通常与经济收入和心理健康有关（美国心理协会，2017、2018）。而在这个时代，工作、伴侣和生活条件的变化也更为常见（领英，2017），这意味着你的身心之车必须格外灵活，才能够适应不同环境的需求。你总是需要在某个特定的时刻做出选择，而这在一个一切皆有可能的世界里，做决策可能会让人感到喘不过气！

自动驾驶仪的反应。上一代人因黯淡的前景而陷入中年危机；这一代人却因为太多的选择而陷入青年危机，即令人神经衰弱的不确定性（奥斯伯恩，2017）！这种不确定性在生活中经常出现，尤其是在你刚成年时。但最近的研究表明：不确定性造成的具体影响，即所谓的"不确定性不耐受"（UI），能够有效预测焦虑、抑郁甚至进食障碍等问题（卡尔顿，2016）。根据UI的主要研究者R.尼古拉斯·卡尔顿（2018）的观点，"千禧一代确实比前几代人在不确定性方面遇到了更多的困难"。

焦虑引发的自然反应是试图避免或抑制焦虑情绪。当你看到有人在避免或抑制时，你就知道他的身心之车上有一个名为"焦虑"的乘客！作为历史上受教育程度最高的一代人，应对焦虑的完美主义模式正在上升。完美主义有三种无益的常见模式：强行控制，这常常导致易怒和倦怠；逃避责任，因为一些人相信"任何不完美的事情都是失败的"；拖延，这会导致效率低下，仓促行事（克罗斯比等，2013）。事实上，你们这一代人也更加依赖于被动的逃避方式。现在，有很多很好的方法来缓解压力，疯狂刷剧、吃你最喜欢的食物、玩游戏或与好友狂欢。让我们感觉良好的活动能够很容易让我们忘却当下的烦恼，只是需要我们在日后为之付出代价。

暂1停。名为"不确定性"（或类似的情绪：焦虑、担忧、恐惧、激动）的乘客是否会对你的身心之车造成伤害？为了避免不确定性和抑制焦虑，你会做些什么？你采取了何种方法？

更多曝光：社交媒体混乱

道路状况。多亏了社交媒体和互联网，现在的我们比以往任何时候都更容易得到富有创新性的解决办法。向他人寻求帮助的障碍几乎已被消除。你可以在网络上建立自己的媒体频道，可以向全球的协作者众包创意和专业知识。但众所周知，社交媒体正在利用行为主义科学和我们人类的基本需求，让我们沉迷于更新网页和发布状态（韦西埃和施滕德尔，2018）。点赞、点击和分享带来的满足感让我们着迷。

乘客。滚动屏幕的操作让我们所有人都陷入了一种注意力分散的状态，并且削弱了我们集中注意力的能力。研究表明，长时间看屏幕会导致我们在没有即时回报的情况下更加难以保持专注（斯温等，2010）。事实上，青少年的屏幕使用时间与后期的多动症有关。如今，要保持集中的注意力越来越难了。由于信息传递得更加迅速，我们的头脑坚持认为"事情应该发展得更快！"或者"这理应更加容易！"名为"沮丧"和"无聊"的乘客可能永远都会存在于我们的身心之车中——诱使我们形成有害无益的情感习惯。而我们只能不断地进行网上冲浪，以求压制自己的空虚感。

社交网络也可以迅速引起社交攀比。有关"我是处于上位圈还是下位圈？"的判断会让你的攀比情绪无处不在。有趣的是，心理学家们早就发现，我们人类对社交攀比有执念（费斯廷格，1954）。尤其是在一个没有客观的成功标准的情况下，我们会经常与身边的人比较。大量的研究表明，当我们过于频繁地使用社交媒体时，我们会感觉更糟（林等，2016；普里马克等，2017；乌尔兹、马斯卡内尔和凯美蓝，2015）。过度使用社交媒体会导致新乘客的出现。回顾一下你自己的经历。你有没有注意到，当你在深夜浏览朋友（或者更糟的，你的前任）的社交主页时，名为"嫉妒"、"孤独"和"评判"的乘客（法度立等，2015）会出现？

自动驾驶仪的反应。人们早就知道，在一群人面前进行"表演"（当你在社交媒体上发布你的生活近况时，你会产生类似的感觉）既可以促进也可以抑制你的"表现"。当我们已经能够熟练地完成一项任务时，团队的存在往往会提高效率。正如一位城堡居民客户曾经对我说的那样："如果你不把自己的状态发布在社交媒体上，这些事情就好像没有发生过一样！"当我们还是新手的时候（比如我们刚刚成年的时候），别人向我们投来的观察目光自然会抑制我们的"表现"（马库斯，1978）。所以，我们的"朋友"上传至社交媒体的、经过精心美化的完美生活近况自然会迫使我们提出疑问："我们到底是处于上位圈还是下位圈。"在社交互动中，我们"表现"的质量可能导致我们产生更多的自我评判、回避，也会导致我们被孤立。

暂停。 你会把社交媒体当作一种情感习惯，并用它来分散自己因乘客产生的不安情绪吗？还是说社交媒体甚至会为你的身心之车添加乘客？当你使用社交媒体时，你注意到自己的情绪是怎样的？你在想什么？

更多支持：更难以独立

道路状况。在过去的几十年里，父母的教育方式也发生了很大的变化！根据皮尤研究中心（帕克和利文斯顿，2014）的调查，父亲和孩子在一起的时间增加了两倍，母亲的陪伴时间提高了 60%。这可能是当今大多数年轻人与家人关系很密切的原因。他们认为，父母更像亲密的朋友而不是长辈。也许你经常通过短信和电话与父母保持日常联系（通常每天多次）。很可能，你还和你的父母住在一起。有数据显示，在 20 岁至 34 岁的年轻人当中，有 30% 以上依然与父母一同居住（维斯帕，2017）。

乘客。虽然客观来看，年轻人获得的实际支持有所增加，但国内许多年轻人却依然表示，他们要承受更大的压力，也没有得到足够的社会和情感支持，且很多时候会感到孤立无援（美国心理协会，2017）。有研究表明，当父母的教育方式模糊了支持和过度参与之间的界限时，成年子女会表现出更多的焦虑、抑郁情绪（莱莫恩和布坎南，2011），并且自我价值感较低（纳尔逊、帕迪拉·沃克和尼尔森，2015）。有时候，父母充满了善意的支持可能会阻碍失败为孩子带来的成长机会。

自动驾驶仪的反应。父母的过度参与可能导致孩子在刚迈入成年阶段时滥用精神药物和止痛药物。如果我们的父母一直安慰我们、为我们清除每一个障碍，那么自然而然，我们会更难独自忍受生活所带来的不确定性。太多的支持可能会削弱你"想办法解决"的能力。

寻求安慰的行为指的是那些我们为了让别人帮助我们缓解焦虑、不确定性或不安全感而做的事情。是的，从朋友和父母那里寻求安慰是获得不同意见的一种有效方式。然而，人们发现，作为一种反应性的情感习惯模式，过多的寻求安慰会为心理健康带来一系列的挑战（吉勒特和马扎，2018）。研究人员找到了其与抑郁症、强迫症和普遍焦虑障碍的联系。过分依赖安慰的习惯只会对名为"疑虑"和"不安全感"的乘客起到积极的促进作用。如果你从不去主动应对生活中的麻烦，也就无法从中学习并积累生活经验。

暂停。 当你感到焦虑或不确定时，你会（向别人或网络）寻求何种程度的安慰？这种情感习惯会让你陷入困境，或者阻碍你的成长吗？

总的来说，选择、曝光和父母支持的增加很可能使你处于一种不那么稳定的状态。你可能对自己认为应该完成的事情有更高的期望，也认为其"理应"更加容易。但与此同时，高等教育导致的债务和难以想象的高生活成本为你带来了非常现实的挑战。你会因为自身的财务问题而产生不确定和焦虑的情绪。所有这些因素加在一起意味着你必须要掌握应对的技能，才能不被人类 ETA 系统的自动反应机制所困住。但是，在我们开始练习并帮助你确定自己独特的应对技能之前，我们需要审视这些道路状况会如何影响你的世界观和应对能力。

劫匪：你的过去会如何困扰你的现在

痛苦的经历自然会留下最令人头痛的乘客——中学的恶霸、我们父母犯下的错误、亲近之人的背叛等，这些过去的经历会让我们的身心之车增加一些相当可怕的乘客。他们就像是一群暴徒一样，分散我们的注意力，让我们感到痛苦。有时他们会弄脏我们身心之车上的挡风玻璃，让我们看不清自己将驶向何方。所以当他们出现时，我们会想让他们闭嘴！我们开始操控我们的身心之车（行动和思考），试图让他们安静下来，以减轻我们的不适。我们会分散注意力、否认或采取任何能够不让这些怪物乘客进入我们意识的行动！

如果你曾有过一段非常痛苦的经历，那么哪怕只有一点点相似的情况也能够触发你的乘客。假设你的前任以短信的方式和你提出了分手，但是对方在回复了你的上一条信息之后稍微沉默了一会儿。那么这就会造成你在下一段恋情中，经常会因对方短信回复不及时而感到焦虑。这种焦虑和担心可能会促使你反复发送短信以寻求安慰，而这会让你的另一半不知所措。最终，你因焦虑而产生的过度反应（当下的情况并不足以真正触发这种过度反应）很可能会把你的另一半吓跑。通过这个例子，你可以看到我们的乘客引起的反应会给我们的生活带来很大的麻烦！

但如果你已经能够意识到你的乘客及其影响，情况会是怎样的呢？如果你能找到这一切问题产生的根源，然后运用你的技能有效地控制你的焦虑呢？当我们了解到自己的乘客带来的影响后，我们就可以主动做出一些反应，而不是自动反应。当我们能够产生自我意识时，我们就有能力打破生活中反复出现的情感习惯模式，而不是再次陷入困境，痛苦不堪。

暂1停。 想想你上次反应过度是因为什么？你将在第5章中学到如何确定自己的乘客和情感习惯模式，但现在，思考一下这种强烈的反应可能与你的乘客有着怎样的关系？

身心之车上到底有谁？谁又占据了主导地位？

本书的主要目的是揭开问题的表面，发现背后的本质。你将要寻找的是你自己的乘客和情感习惯模式，我知道你已经开始进行相关的思考了。你的身心之车上通常会有一些占据主导地位的乘客，也有一些不会引起太多麻烦的乘客。为了能更有技巧地应对它们，你需要更好地了解它们。你要观照自己的内心：向你的情绪移动，而不是压制它们、忽视它们，或者假装它们根本不存在。

在这一章中，我们学到了一种有关应对内在体验的新的思考方式。停下脚步并接受这种内部审查对你来说是不是一个挑战？答案是肯定的，但是这些挑战在很多时候都会让我们受到启发。最重要的是，我希望你明白这些经历是如何成为人类的一部分的。要知道，旅程才刚刚开始。我希望你坚持这一习惯，以便让你的身心之车与你的乘客和谐共处。

CHAPTER

第二部分

独特的自我：提高自我意识

第
4
章

∨
∨

融入你的自动驾驶模式

勇敢的本质是不自欺欺人。

——佩玛·丘卓《转逆境为喜悦》

很久以前，当我还在读书的时候，我感到恐慌不已，不知道这辈子应该如何实现价值，不知道自己有多少实现价值的能力，也不清楚实现价值需要花费多久。一个练瑜伽的朋友对我说："你知道吗，拉腊，有时候你需要放慢脚步，才能获得加速度。"我困惑地瞪大眼睛。"呃，什么？"他的话对我来说过于陌生，就像在说外星语。当我因某件事感到兴奋或渴望时，放慢速度是完全违背我的自然本能的。

我的朋友试图温和地鼓励我，让我在面对触发乘客的情况时能意识到自己的自动驾驶情感习惯会如何表现出来。当然，那时候我还不知道我的自动驾驶仪是什么，也不知道如何减速并关注自己的情感习惯。我只是在自动驾驶仪引发的一次又一次碰撞事故中跌跌撞撞，不明白为什么同样的情形会在我的生活中重复上演。

当然，正念技能不能保护你免受外界的伤害。但了解自己的乘客和情感习惯模式可以帮助你避免一次又一次地犯同样的错误，也可以提高你的承受能力以加快你的恢复速度。在这一章中，我将向你介绍正念，当你不得不直面你的乘客时，这种技能能够帮助你后退一步，并建立你所需的自我意识。这是一个重要的章节，因为你将通过本章的学习获得一个关键工具来确定你的触发点和你习惯性的反应方式。所以，我们开始吧！让我们来看看你会如何运用正念技巧更好地了解自己并为你的理想生活打下基础。

正念：什么是正念？为什么要正念？

也许你听说过一种名为"正念"的心理自助工具。正念是一种新的趋势，同时也是一种古老的锻炼，能够帮助我们认识到生活中事件之间的联系，这样，生活就不会那么随机，我们可以在自己的能力范围内掌控自己的生活。近年来，正念受到了很多关注。治疗室、医院、学校，甚至是监狱，越来越多的场合开始将正念锻炼视为主流。在过去的几十年里，有研究表明，练习正念有着不可思议的好处，这促进了公众对其的需求。

20世纪80年代初，富有远见的乔恩·卡巴特·津恩实行了一项名为"基于正念的减压"（MBSR）的计划，利用正念来帮助受到慢性疼痛折磨的患者。实验结果表明，相关的理论和实践对于解决各种各样与压力和心理健康相关的问题十分有效。他将正念定义为"在当下时刻，通过有意识地、不加评判地将注意力集中到随着时间流逝而展开的、基于体验上而产生的意识中"（乔恩·卡巴特·津恩，1996）。呼，我知道！好复杂的一句话，对吧？为了绕过这种令人头昏脑涨的定义，MBSR 通过冥想来教授正念技能。但是，正念不仅仅是冥想，它还是一种认知技能（毕夏普，2004）。通过正念，我们会加强对自己心理状态的关注，这样我们就能够有意识地做出反应，而不是听从我们的情感习惯。正念有五个基本的步骤（贝尔等，2006），包括（1）观察外部事件和内部事件之间的联系；（2）不对内部体验做出反应；（3）对体验不加以评判；（4）有意识地行动，并不受干扰；（5）通过文字描述或定义。所以正念基本上是一种技能，能够帮助我们放慢脚步，从那些有害无益的事情和我们的思考方式中解脱出来，这些事情阻碍了我们建立理想的生活。

很多人认为正念意味着坐在一个垫子上，隔绝压力，进行精神上的升华。但这实际上完全不是正念。你将在本章中学习的技能是融入而不是隔绝生活中的压力。仔细观察你对压力的内在反应，会帮助你以一种新的方式，一种更友善、更熟练、更有效的方式去融入你独特的灵魂——无论它是怎样的。乔恩·卡巴特·津恩说，这类似于"为你的乐器调节音准"（1990）。当我们通过冥想或其他方式练习我们的技能时，我们正在锻炼我们的内在平衡和面对压力的适应能力。

正念不仅仅是一个术语或想法。正念是你通过自己的身体去感知的一种体验、一种存在的方式、一种感觉，需要通过练习才能获得。我在书中会尽量用语言来表达。我可以向你描述游泳或骑自行车的感觉，但你在真正感觉到之前不会有任何概念。

只需要坐着：正式练习

设计一个你专属的正式练习能够加强我们刚刚讨论过的效应并巩固你将要学习的技能。如果你没有感觉到完全放松，或进入"禅"的状态，那绝对不意味着你做"错"了。在坐姿练习中，一些人会感到一种不适感，这是很常见的，因为我们通常会被各种各样的东西分散注意力。当你开始将注意力集中于这个时刻、这一点上时，你可能会感到有一些不安。因为你只是坐在那里，任何出现的东西（思想、感受、情绪）一定都在你的身心之车上。如果它在车上，不管它是怎么进入的，你都需要了解它，这样你就可以更熟练地利用它。正念冥想以及掌握情绪调节技能的一个重要部分是熟练地练习如何与不适感和谐共处！

能够揭开神秘面纱的非正式练习

正念的奇妙之处在于，它是一个灵活的工具，可用于自我发现、处理和应对不适。如果静静地坐着远超出你的舒适范畴，你还有其他选择！毕竟，我们的目标并不是让自己擅长在垫子上保持标准的坐姿。这样做的目的是以一种不加评判的方式了解你的内在体验，以便你在进入自动驾驶模式时可以意识到并作出更巧妙的反应。因此，在日常生活中，正念对于激发自己的主动意识是很有帮助的。

学会阅读仪表板

想象一下，如果你在开车，而你的车突然开始发出奇怪的噪声、向左倾斜，也不按照你的操作行驶。当产生问题的时候，你第一时间检查的地方是哪里？你当然会检查仪表板上的仪表，看看有什么值得注意的情况！正念就像检查你身心之车的仪表板。

我发明了这种仪表板练习作为日常生活中的一种正念工具。仪表板练习是一种用来检查你的身心之车的工具，可以引导你审视自身体验的过程，而不是无视这种体验。这种练习旨在让你注意和区分体验的五个组成部分（事实、情绪、想法、身体感受和行为冲动）。每时每刻，仪表板的组成部分都会为你的 ETA 调节器——你的情绪和动机传递信息。通过练习，你将会意识到车内体验与车外事实之间的联系。以这种方式对每一个因素进行区分将有助于你识别车上的乘客和你的反应性情感习惯模式。

练习时间：针对当下时刻进行仪表板练习

在你的笔记本中列出体验的五个组成部分，如下方的仪表板表 4.1 所示。在你的手机上设置 3 分钟倒计时。然后请静静地坐着，笔位于纸张的上方，专注于你当下时刻的体验。当体验发生时，在每个组成部分的右边简要写下一些内容。你也可以在本书附赠的《练习手册》里找到仪表板表单和详细的使用说明。

表 4.1　仪表板

组成部分	内容
事实	我正躺在床上读这本书
想法	我不知道该写些什么。这太傻了
情绪	怀疑、烦躁
身体感受	我的胳膊肘顶着床，眼睛有些酸痛
行为冲动	继续阅读，跳过练习

你是否能够进入观察者模式，并实时跟踪记录你当下时刻的体验？你刚刚实践了正念！当体验的不同组成部分出现时，积极地后退、观察并不加评判地描述它们，就是正念。每一个组成部分的内容都在不断变化，但这些组成部分总是存在的，仪表板练习能让你更清楚地认识到自己的感受。当你练习用这种方式进行观察和描述时，你就是在进入自己的 ETA 系统，开始干扰自动驾驶仪。正如俗话所说的："建立意识是第一步！"

你有没有注意到自己更容易识别一些特定体验？情况往往如此。如果你感觉在识别一个组成部分时更加困难，那么你需要尽最大努力查清这一部分的情况，因为每个组成部分都包含有关乘客的重要信息和你所需要的技能。这个练习将是你在本书中和书外生活中使用的主要工具。最终，这也会成为你的数据收集工具。你会从你通过仪表板练习收集的体验中发现你的乘客，识别你的情感习惯模式，并获得更多的技巧，而不会对你生活中的触发因素作出本能的反应！

设定目标

在行为疗法中，我们将我们现在做出的努力称为改变目标行为。这可能有点令人困惑，毕竟我们把你的整体系统视为一个行为生态系统，每个组成部分都与整体融为一体。我们的目的是进入其中，看看你可以修补哪些组成部分以实现你所追求的目标。

暂停。 翻到你在笔记本中记录了阅读目标的那一页。想一想你是否需要增加目标。去吧，大胆点！

我们想要的改变有时是显而易见的，而有时则不那么明显。许多人拿起一本类似这样的书，想减轻他们的情绪焦虑症状。如果你读这本书是因为某些情绪让你痛苦不堪，那么你会想弄清楚其他因素是如何助长这种情绪的。但是，如果你想在人生道路上获得动力，那么你可能会寻找那些让你动摇的情绪或想法。不管你想改变什么，收集仪表板的目的是找出那些让你产生坏情绪的组成部分。

收集你的数据

在接下来的几天和几周内，你将进行一次实况调查，探索真相。这是揭开有关你自身的神秘之旅的开始！你会发现，是什么触发了你，是什么阻碍了你做出你想要的改变。为了收集数据，你可以在《练习手册》中的空白仪表板表单上做好完整的记录。你所要做的就是，当你注意到①自己的情绪反应加剧或压力过大；②自己在避免或拖延需要做的事情（包括本书中的练习！）；③自己做出了自己要改变的目标行为时，尽可能及时地将你的体验填入表格中。

与任何有效评估一样，你收集的信息越多，你就越能准确地了解你自动驾驶仪的资料。你至少需要完成8个到12个仪表板才能发现一个重复的模式。在你继续阅读这本书的过程中，请继续收集数据。

进行仪表板练习会锻炼你后退一步的能力，帮助你厘清情绪、思想和行为冲动，避免你对自己的 ETA 系统调节不足或调节过度。当你有意识地练习用这种方法分析你的经验时，你将会发现事件之间的联系。

🔖 **暂停。** 为了找出你的情感模式，你愿意完成多少个仪表板表格？请下定决心并做出承诺，尽你最大的努力识别你的模式。

识别模式：事件之间的联系

你需要知道模式是如何出现的，找到它们存在哪些更加棘手的问题。我们希望你的自我评估尽可能准确。所以让我们看一看城堡居民妮娜、乡村居民杰西卡和介于城堡和乡村模式之间的艾米身上出现的一些常见的模式和症结。

妮娜：典型的城堡模式

作为一个典型的城堡居民，妮娜的自动驾驶习惯，完美主义和焦虑最小化倾向让我们最初很难进入她的身心之车并找到她的情感习惯模式。在她早期提交的表格中，她很难将自己的想法、脑海中的画面和假设与此时此刻的事实区分开来。她常常要么空着"想法"这一组成部分的内容，要么写下类似"没关系"或"我不在乎"之类的话——典型的城堡模式"最小化"思维！但这些不是与她所经历的焦虑有关的想法。她显然很在意，否则她就不会感到焦虑了！

直到她完成了几个仪表板之后，她才开始更清楚地看到自己的模式（如表4.2）。每当妮娜面对新的或不可预测的事情时，她就会感到紧张。妮娜一开始便没有注意，她试图将焦虑最小化的思维习惯实际上掩盖了其他可能的假设。如果你能够与城堡居民妮娜产生共鸣，那么当你意识到自己的想法时，要留意是否会陷入假设之地。

表4.2 妮娜的仪表板

组成部分	内容
事实	我被布置了一个从没有做过的任务
想法	我不知道该怎么做。我会失败的。我无法寻求帮助
情绪	怀疑、焦虑、恼怒
身体感受	坐立不安、紧绷、僵硬
行为冲动	想出解决办法，更努力地压制情绪，进入自闭状态

请注意妮娜的每一段体验是如何进入ETA系统的。她会把"我不知道该怎么做"和"我会失败的"的预测等同起来。这些想法自然加剧了她的焦虑。在过去，妮娜曾有过向父母求助却让她感到窒息的经历。对她来说，还存在一个潜在的假设，即直接寻求帮助不是一种有效的选择。靠自己一直是唯一的解决办法。她会陷入困境，因为她越是焦虑，就越会加倍追求完美。在考虑其他替代解决方案时，她的思维也就越不灵活、开放。到了这一阶段，她会直接进入自闭状态。实际上，她并没有去向别人寻求她所需的帮助。下面的图4.1

显示了她身心之车上名为"不确定性"的乘客处于她 ETA 反应系统的核心位置。她的臆断想法导致了更多的焦虑，而抑制情绪、进入自闭状态让她缺乏自己真正需要的支持。

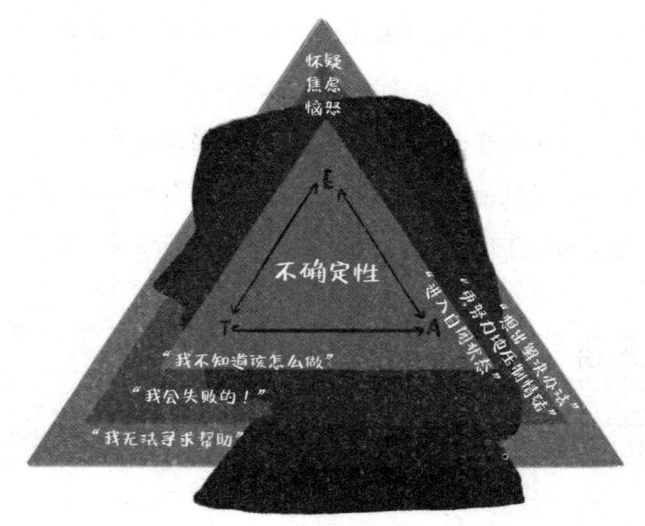

图 4.1　妮娜的 ETA 调节器

❗ **暂停。** 你能与妮娜产生共鸣吗？对自身表现的完美主义期望有时会导致你效率更低，或阻碍你想出创造性的解决方法吗？

想法 vs 事实

在你的第一个仪表板练习中，你是否能够分析出想法（脑海中的画面、想法、预测、假设、记忆、你的大脑讲述的故事）和事实之间的差异？你需要记住的一点是，你不是在试图判断你的想法或记忆是否真实。你只是在培养自己意识到想法并不是事实的能力。而情况有时可能会变得更复杂。

暂停。 选择一个身边的物体，用手感受它的全貌。然后在你的笔记本中描述你在感受这个物体时所产生的体验。

你是否在笔记本中写下了"书桌"或"书"之类的东西？还是你写下了有关其纹理、边缘、硬度等的直接体验？当我要求客户用手感知沙发或桌子时，他们会说他们能感觉到这些东西的材质，但这真的是你触摸物体时的感受吗？你是怎么知道的？

你能够知道，是因为你过去曾接触其他类似的物体。你已经了解了形似书桌或书的物体有哪些特性。所以"书桌"或"书"实际上是你对眼睛看到的颜色和你感觉到的形状、边缘或纹理的解释（基于过去的经验）。你的解释可能正确（也可能不正确）。把思想与事实分开的技巧不是单纯地讨论对与错。这里，我们需要练习的技能是认识想法的本质——与事实不同——即使它们是准确的解释。

仪表板表格中的"事实"应该是你在当前时刻通过直接体验感知到的任何事情，或者是每个人都能够达成共识的任务、事件、时间、地点（而不是原因）。用这个方法来区别你的体验似乎很愚蠢。但是，这项技能将是必不可少的，你需要用这种方式将你的思想与直接体验分离开来，这能为你打开一个将其他解释纳入考虑范围的空间。而当我们评估更情绪化的、充满黏性的、有关事实的想法时，这种技能将更加重要。如果我们把想法和事实混为一谈，我们有可能（从情感上和行为上）对自己的大脑做出反应，而不是对事实本身，这极有可能酿成大错。

杰西卡：一个乡村居民的情感模式

作为一个敏感的乡村居民，杰西卡会采用一些十分富有创造性的方式来描述她的经历。有一次，在与她的妈妈通过电话之后，她身心之车上名为"孤独"和"被遗弃"的乘客变得尤其活跃，因为她妈妈无法与她进行长时间通话。在根据这种情形完成的仪表板中，她身体的感受与她的想法和情绪之间的关系变得清晰起来。正如你在下文中杰西卡的仪表板上看到的，她会用语言详尽地表达自己的身体感受，这一特点为事实增添了更多的信息（如表4.3）。

表 4.3　杰西卡的仪表板

组成部分	内容
事实	打电话向妈妈寻求支持，但她不方便打电话
想法	我的心脏仿佛要从胸腔中挣脱出来，皮肤里仿佛有毒蜘蛛在爬。没人在乎我！这不公平
情绪	孤单、焦虑、愤怒
身体感受	脸发热、胸闷、发痒、烦躁
行为冲动	哭，让妈妈保持通话，大喊大叫，让她明白

　　我们用来思考和描述当前体验的词语可能会对 ETA 系统的其他组成部分产生重大影响。请注意，事实原本是很温和的。有时候，当我们需要帮助的时候，另一个人的需求可能与我们的需求产生矛盾，这意味着对方不方便为我们提供帮助。（如果你注意到你的父母让你产生情绪波动的能力强到不可思议，那是完全正常的。因为你是他们培养出来的！）作为一个敏感的乡村居民，失去联系的感觉对亲爱的杰西卡来说简直是一种折磨。

　　很明显，无法与他人建立联系的情况是杰西卡真正的出发点。她把这一点和早期的经历联系了起来，小时候的她觉得自己在父母面前像是隐形的，除非她陷入了某种危机。因此，她形成了一种下意识的想法，即"如果我处于危机之中，其他人应该，也必须给予我关注"。

　　但请注意她仪表板上的重要信息。对杰西卡来说，身体的不适、焦虑、发痒，会因为她描述自身体验的方式（谁不害怕毒蜘蛛呢？）而加剧，她认为其他人理应帮助她摆脱这种可怕的不适感，这也进一步使情况恶化。所有这些乘客在车内的活动，往往会导致杰西卡的危机感不断升级，反应过于强烈，会让她无法达到长期维持情感关系的目标。

　　当杰西卡还小的时候，哭着闹着和她妈妈打电话可能有用。但现在，当妈妈（或其他人）开始对杰西卡设限时，她的脑子里大喊：这不公平！这激发了她的愤怒情绪，并导致了出格的行为，把别人推开，使人们不太愿意和她在一起（如图 4.2）。现在，我们需要记住的是，像我们大多数人一样，杰西卡完全没有意识到她在做这件事！敏感的乡村居民就像拥有二十根触角，能够捕捉所有细微的无视和伤害，而其他人只有一两根这样的触角。这常常会让人觉得别人不理解你。

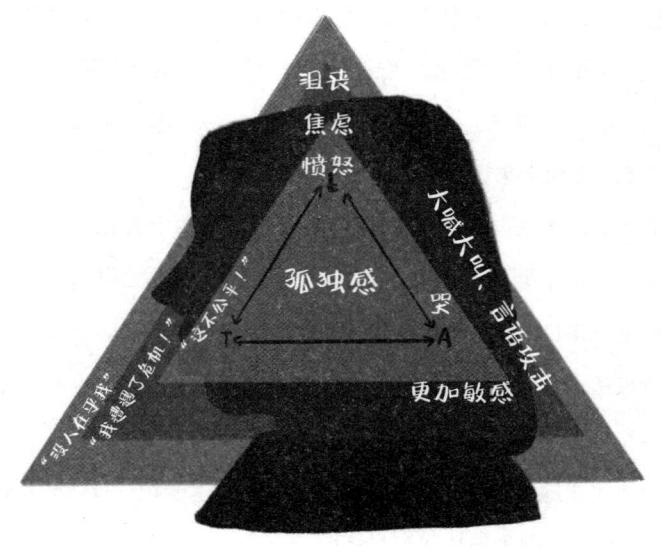

图 4.2　杰西卡的 ETA 调节器

　　暂停。 你认为杰西卡是个敏感的乡村居民吗？失去与他人的联系会成为你的触发点吗？你是否倾向于使用描述性语言来（对自己或他人）表达自身的不适感？

想法 vs 身体感受

　　你能在仪表板练习中找到为你身体感受下定义的词语吗？正如

我们在杰西卡身上看到的，身体感受和解释性思维之间的模糊边界会导致我们产生很多强烈的情绪。实际上，恐慌症发作是对身体感受（胸闷、呼吸急促）的一种错误解释（天哪，我要死了！），它助长了不良情绪（恐惧），加剧了身体的不适（心跳加速）。

暂停。此时此刻，花点时间识别你正在经历的具体的，甚至是微妙的身体感受。我们总是会产生一些感受。（如果你什么也感觉不到，也许你应该打120！）识别感受的词可能包括"尖锐"或"迟钝"，或者你可以描述触觉、温度、紧张、压力或疼痛。另外，一定要把关于感觉的描述定位到身体的某个特定区域。

艾米：脆弱的城堡模式

　　如果你既可以与杰西卡产生共鸣，体会到她对于维系关系、发挥创造力的强烈需求以及面对孤独时的脆弱；又能与妮娜产生共鸣，体会到她对成功、完美主义和独立的渴望，那么你很可能就是一个脆弱的城堡居民！脆弱的城堡居民乍一看就像一个普通的城堡居民，但他们的城墙在受到外界压力时更容易倒塌。对艾米来说，她出众的能力可以让她得到工作面试的机会或在一次会议上表现完美。但是在她的内心，有一个极度敏感的灵魂在努力保护自己，使自己不被"无助感"和"害怕被人轻视"所侵扰。

当被触发时，艾米就更难以区分她的想法和情绪。那些熟悉的老乘客（中学时被霸凌）让她很难退后一步，从她的黏性思想所创造的虚拟现实中抽身出来。她的头脑告诉她，如果她感到无能为力，那么她一定就是真的无能为力。她脆弱的感情会让她在自身之外寻找这些感觉的来源。在她意识到自己的模式之前，她已经开始用肢体语言和语调的改变对情绪和想法做出反应，而不是对当时的情况做出反应（如表 4.4）。

表 4.4　艾米的仪表板

组成部分	内容
事实	与扎克的六个月纪念日
想法	他太完美了！如果他离开我怎么办？他也没那么好。我能找到更好的
情绪	爱、兴奋、怀疑、恼怒、焦虑
身体感受	呼吸急促、眉头紧皱、胸闷、肩膀耸起
行为冲动	过于卑微、黏人、吹毛求疵、抱怨

艾米的困难源于从城堡到村庄模式的转变。这让她的感情之路尤其难走，因为她还不具备相应的技能——灵活地在竖起围墙和收起围墙之间保持平衡！艾米会因她和男友扎克的争执感到困惑。她完全不知道，一个美好的夜晚会如何在不受到任何干扰的情况下走向混乱。在下图 4.3 中，你可以看到她的仪表板的内容是如何融入她的 ETA 系统中的。对男友的矛盾情感实际上会触发她身心之车上名为"患得患失"的乘客。她忧心忡忡的想法会导致她过于依赖男友，且总是十分卑微。这通常会导致她对自己为男友付出的一切感到愤

愤不平。而有时候，她会评判他，也会在意别人会因为自己与男友在一起而如何评判她，这会导致她经常用一些微不足道的小事来找他的碴。之后她又会担心自己把男友越推越远！所有的这些都导致了她感情关系的紧张。

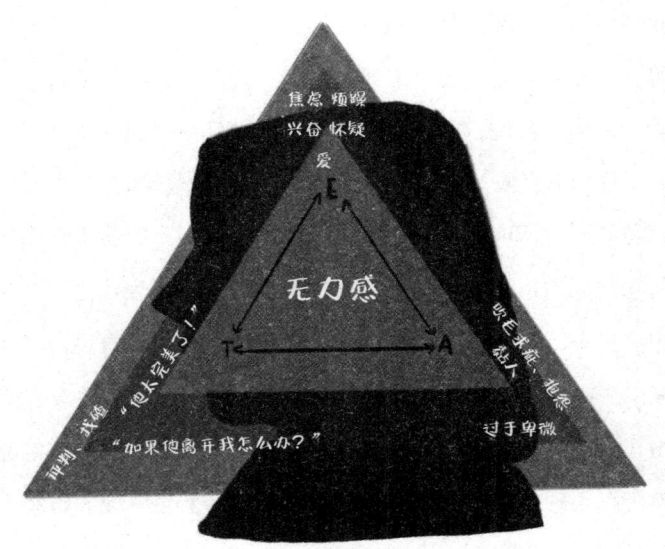

图 4.3　艾米的 ETA 调节器

暂停。你有没有注意到，在强烈的情绪反应之后，回忆细节（想法）有多困难？在一次争吵之后，你有没有想过："我们到底是怎么走到这一步的？"你的仪表板技能将帮助你解开这样的谜团。

想法 vs 情绪

请记住，我们的情绪会模糊我们对事件的认知和回忆。想法可以融入现实之中，我们可以对这个现实做出情感上的反应。虽然我们体验到的情绪实际上是系统中整体交互的结果，但为了完成仪表板练习，你需要具体、逐个地解析它们。我们很容易混淆自己的想法和感受。当我们说，"我只是觉得它永远都不会变"或者"我觉得……（任何形容词）"时，请记住，这些都只是想法。

练习技巧。请注意自己用类似"我觉得……"的前缀来描述想法和信念的倾向，你需要练习从想法中后退一步，表述为，"我有这个想法……"用这种简单的方式来表达你脑海中的内容，将能帮助你减少一些对情绪的影响。

擅于为自己独特的情绪下定义是一项基本技能。一项非常酷的研究发现，心理学家口中的"情感标记"实际上会减缓大脑和 ETA 系统组成部分的反应性（托雷和利伯曼，2018）。但是像"压力大""受伤"和"不好"这样的词并不能给我们提供任何关于情绪的信息。所以，使用特定的词语很重要，比如"悲伤""愤怒""焦虑""羞耻""恐惧""爱""快乐""幸福"，等等。如果你发现自己很难找到能够表达自己情绪的词语，本书第 10 章的一个详细表格可以为你提供帮助。

弄清楚情绪和想法之间的区别是很重要的，因为处理每一种情绪的方法各不相同。想一想：找出一种你极度厌恶的食物，一种真正让你想呕吐的食物。如果我给你一百万美元，你能开始真正爱上这种食物吗？在吃它的时候，你会体会到它带来的愉悦和味觉上的享受吗？当然不能！你可以从你自己的经验中得知，当我们已经对某件事物有了一种特定的感觉时，我们没有办法控制自己的感受。但为了一百万美元，你能找出一些想法和理由来鼓励自己采取行动（去吃这些食物，并发出美味的声音）吗？是的，你可以。我们对自己的想法和行为有着很大的影响力。因此，区分你对一个事实的看法和你的情绪感受，对于以后面对不同的内在体验时决定应用哪种技能是非常重要的。

观察和描述行为冲动

仪表板上的最后一个位置正好处于你的 ETA 系统中情绪和行为冲动之间。对于乡村居民杰西卡来说，当孤独和焦虑情绪出现时，行为冲动是一种变得敏感和寻求安慰的冲动。对于城堡居民妮娜来说，当不确定或焦虑产生的时候，她的行为冲动是更加努力；而对于我们脆弱的城堡居民艾米来说，她会在过度讨好和过分强硬之间不断反复。但在行为开始之前，你有选择的自由！这是一个非常重要的组成部分，因为我们的行为冲动常常是为了让乘客平静下来，而对于我们目标的实现却没有实际效果。通过这一部分，你可以最大限度地控制你的生活。

当然，在我们醒悟并进入正念状态之前，我们所做的许多选择都超出了我们的意识范围，所以我们肯定不会觉得它们处于我们的控制之中。饼干在那儿，我们会吃。我们也会接受并服用药物。我们总是会重复那些能够让我们感觉更好的事情。我们由刺激—反应—刺激—反应行为组成，而不是有意识地作出反应。意识的最后一个组成部分是，你需要注意和记录你面对他人时所采取或要采取的行为冲动。即使这个行为"微不足道"，也要尽可能详细地描述。因为这是我们自己做出的选择，无论是有意识还是无意识。

暂停。让我们练习分析仪表板组成部分之间的差异。阅读以下场景。在你的笔记本中，请从想法、情绪和行为冲动中分离出事实。

斯坦还没给我回电话！他真是个混账！
我太生气了，我想和他分手！

找到你独特的情感习惯模式

在接下来的几周里，当你继续阅读这本书时，你会在你收集的信息中寻找你自己的情感习惯模式。就像你在上文的例子中所看到的那样，你需要找到每个组成部分中反复出现的内容，探究这些内容如何与表上其他组成部分中的内容相互联系并发挥作用。例如，在你的记录中，有没有一种情绪出现的频率比其他任何情绪都多？

什么样的想法、感觉或冲动与这种情绪有关？不同情绪之间是否正相关或负相关？或者有什么特殊的事实或情形会触发你的乘客？在这些情形下，你会出现什么样的情感模式？如果你愿意主动进入你的身心之车，做进一步地分析，你可以翻开《练习手册》，找到《识别情感模式的步骤》。

　　暂停。 你是否愿意并下定决心要收集有关自身体验的仪表板？现在，拿起你的手机，添加一个每日提醒，或在一天结束之前选择一个时间，坚持完成这一练习。

　　仪表板练习可以帮助你掌控乘客和情感习惯模式并能熟练地应对生活中的挑战。接下来的几天和几周里，在你收集仪表板的同时，下一章的内容将帮助你更好地了解你理想中的成年生活。

第 **5** 章

∨∨

让你的 GPS 导向正北

　　美好的生活是一个过程，而不是一种存在的状态。它是一个方向，而不是目的地。

——卡尔·罗杰斯《论人的成长》

　　你希望自己的生活朝着什么方向发展？你对未来几年的生活有什么清晰的想法吗？也许你已经知道你想找到能让自己感到焕然一新并带来改变的东西，但你还没有找到。你需要为你想要的生活设定一个明确的目标，而不是仅仅对生活扔给你的东西做出反应，这是非常困难的！

　　你可以把你的情绪妥善地放置在城堡的高墙之后，也可以像乡村居民一样真性情地生活并与他人建立联系，而在两个极端之间，存在三种典型的情况，可能会让你陷入众所周知的青年危机。这一章节会帮助你找到你自己的正北，帮助你克服人生道路上的不确定性并坚持到底。

你的正北方向：确立价值

　　每一天，甚至每时每刻，你都在人生的岔路口前做出决策。正如你所看到的，由于你身心之车上存在一些由过去经历导致的、让你感到不舒服的乘客，这些选择往往是你意识不到的。只要你朝着你真正追求的方向前进，那些坏家伙就会活跃起来，试图让你偏离正轨。那么当乘客分散了你对真正重要的东西的注意力时，你如何保持自己的内在动力呢？你需要一个工具，来帮助你保持动力和专注于你所追求的成功。你需要在你身心之车的GPS上识别你自己的正北。

　　你内部的价值罗盘决定了正北方向：你的价值是你（而不是你的父母、朋友或其他重要的人）深切关注的东西，是你一生中要坚持守护的东西。当你迷路了，需要做决定时，正北会指引你（如图5.1）。价值不同于目标，它既不是结果，也不需要完成什么任务，更不会一直处于完成状态。价值是一个总的方向，你希望你的生活朝着这个方向发展（例如：健康、独立、有爱的伴侣），而目标（减肥、找到工作、成为一个更好的倾听者）只是一个里程碑，可以告诉你生活是否朝着正确的方向前进。

图 5.1　向正北方向前进

　　识别它们可能是你需要做的最困难的工作。因为每当你开始思考你真正想要什么、关心什么的时候，乘客就会出现。但是就像磁场能把指南针拉向正确的方向一样，价值也能让你在正确的道路上行驶。你的价值产生的力量会让你渡过难关和不适。了解哪些是你真正在意的、想要保留的东西会让乘客造成的痛苦更加值得！相反，如果对生命中真正重要的事物没有明确的认知，乘客将会对你的身心之车产生更大的控制权。所以现在让我们通过大致确定生活中的哪些方面对你最重要来初步了解你的价值。

练习时间：当下，什么是重要的？

　　看一看下面列出的生活中的方方面面。在你的笔记本里，给它们在你当下生活中的重要程度打分，从 0（一点都不重要）到 100（非常重要）。

- 职业和发展　　　·情感关系

- 友谊　　　　　　·经济保障

- 休闲娱乐　　　　·身体健康、心理健康，以及自我关怀

- 养育子女　　　　·教育

- 原生家庭　　　　·精神追求

- 社区活动　　　　·其他

这一步将帮助你聚焦生活中最重要的方方面面。向前迈进和渡过成年生活的过程是迭代的。换言之，你所深切关心的——你的追求——可能在你生命中的不同阶段发生变化。现在，事业或人际关系对你来说可能是最重要的。但以后，养育子女、健康或经济保障又将成为你新的价值。所以你可以选择回到这一章，因为你的生活环境会要求你重新探索你的价值。

暂停。 选择你认为最重要的三个生活方面。在你的笔记本中，评价你为实现相关目标而努力的程度。如果你在一个你认为非常重要的方面有所欠缺，那么就说明你需要在该方面寻找乘客并运用你的情绪调节技能了。

你想坚持守护些什么？

在生活中的每一个方面，都有一个你想成为的人——你要持之

以恒守护的目标。对这些价值的定义可能会变得模糊不清，因为我们的大脑中开始出现各种分散注意力的杂谈。如果你看重的是与他人不同的东西，你可能会担心别人会怎么想。或者你也会预想，在追求你内心深处的欲望时，你会遇到什么困难。所以你选择一动不动地停在原地，被前进的不确定性所麻痹。价值可以帮助你摆脱瘫痪状态，激励你创造一个充满生机与活力的理想人生。所以，让我们弄清楚你想坚持守护些什么，你应该从哪里开始，以及需要优先考虑些什么。

暂停。 请参考你列出的最重要和最容易忽略的生活方面。对于每一个方面，在你的笔记本中完成以下句子："在生活中的这个方面，对我来说，成为……的人是很重要的""我想通过……在我的行动中展示这种价值。"尽你所能，想出三到五个关键词，真正将你与你的价值联系起来。

上面的暂停练习为你提供了一个让你了解自己价值的具体方法。如果你觉得自己被困住了，想想你所崇拜的、在某个方面做得很好的人。你的榜样可能来自历史、现实或电影。如果你感觉自己受到了阻力，或者对自己产生了怀疑，你可能会想通过仪表板来看看是什么想法或情绪在阻碍你。通常有三种实现价值的常见障碍，这可能与你所处的境况相似。

青年危机的不确定性

最近的调查显示，在 25 至 33 岁的年轻人中，多达 75% 的人经历过青年危机（领英，2017）。你可能对此有所了解：在这个时代中，不确定性、不安全感会对一个人的职业、人际关系和财务状况产生决定性影响。在这个时代，产生焦虑一直是迈入成年生活的常态。但在一个社交媒体扑面而来的世界里，比较和竞争的倾向日益加剧，职业淘汰率在过去的一年里翻了一番（截至本书撰写之时），UI 已经成为许多年轻人的一大障碍。站在一个充满不确定的地方，名为"不确定性"的乘客会以"不知道""我知道……但是……"和"过度关心"三种方式劫持你的身心之车！

❗ 暂停。 一些特定的结果会让你很难与你的价值——你希望自己的人生坚持守护的东西——建立联系，缺乏确定性是否与你的能力、生活环境或这些特定结果的可能性有关？

身处"不知道"的境地

临近 27 岁生日的时候，妮娜觉得自己陷入了困境，不知道自己要朝着哪个方向发展。她知道自己很幸运能在娱乐圈里的一个大公司里工作。但大约一年后，她对工作的理想化憧憬开始逐渐黯淡。

她一天中的大多数时间都在做一些她讨厌的管理工作。更糟糕的是，在她偶尔得以与高管们交流的时候却在想："他们看起来像个混账，我不想成为那样的人！"于是，她就开始认真思考："我为什么要做这样的工作？这真的是我想要的生活吗？"

妮娜就这样陷入了困境。与她大多数朋友的收入相比，她的工作报酬很高。她真的在努力对这件事保持"积极"态度，因为她做出了明智的选择，为自己建立了长期的经济保障。但随着时间的流逝，每一天离开办公室时她都在想，我生命中的一天时光又这么浪费了。她觉得自己越来越空虚、没有灵感、满脑子都是"废话"，但她不知道她需要什么来使自己快乐。是的！她正处于青年危机中。

暂1停。 你也处于相似的境况吗？你是否因为不知道自己在意什么而陷入停滞状态？

战胜不确定性

有时，青年危机会意外地悄然发生。像妮娜一样，也许到目前为止，你在完成任务、承担责任和满足生活的迫切需求方面都处理得相当轻松。当你年轻的时候，生活是为你安排好的，你很容易满足自己对学校学业、课外活动和社交活动的需求。上学期间，你在某个特定时间点醒来，完成你的任务，需要帮助时，你向父母寻求有关人生方向的建议。当你在家或者还在学校读书的时候，虽然做出选择并不总是那么容易，但你的选择会更加明确。

　　而现在，你面临的是你的成人生活，充满了巨大的未知，你成了最终的决策者。只有你自己能深入探索并发现什么样的生活会给你带来满足感。一开始，直面内心以及内心的不确定性可能会让人不舒服。我们人类通常不喜欢这种沉思式的探究，因为我们热爱确定性！我们会尽一切努力避免不确定性。

　　曾经有这样一个研究发现：比起在不确定性中静坐或思考，人们更倾向于选择接受电击（德·伯克等，2016）。人们对确定性的依恋和对静坐沉思的逃避达到了近乎可笑的程度，这对确定和设定你的人生道路有着显著的影响。不幸的是，为了让你知道你真正在意的是什么，你必须穿越这个充满不确定性的空间。你必须培养自己“在未知中静坐”的能力，这会让你更接近你的目标。

　　当你不知道、不确定或根本没有动力的时候，你需要跨越巨大的鸿沟——从未知到确立你的方向。当你很难确定能够引导你的价值——你深切在意的东西时，你可以通过静坐和思考来尝试获得一些线索。

感受兴奋的时刻

　　当你遇到你真正喜欢的人的那一刻，或者当你发现一双漂亮的鞋子、一个手提包，或是一个很酷的小玩意儿时，你会有什么反应？你会扬起眉毛，感觉自己的脊背挺直了起来。你的身体里仿佛出现了一种能量，这就是一个兴奋的时刻！

暂停。 尽你所能回忆起你生命中的某个兴奋的时刻，它可以是上文中描述的任何一件小事，也可以是更有意义的事情。它可能来自一个有关你学习或感兴趣的领域、你生活的地方，你的一个爱好、一次表演，甚至是某个人。在你的笔记本中，写下这个时刻带给你的感觉（情感上和身体上的），它为什么激励了你（你的思想和信念），以及它如何激励了你（你的行为冲动）。这些是你的内在体验的组成部分（来自仪表板），当你处于一个兴奋的时刻时，你的内在体验会把你和你的感受联系起来。

当人们谈论他们珍视的东西时，你可以看到他们的眼睛睁得大大的，或者精神饱满。他们说话的语气更富有张力、更专注。但是如果你像妮娜一样有一道"坚固的城堡墙"，或者你长期患有抑郁症，你可能很难产生这些感受。你的情感习惯、抑制反应或滥用药物的行为可能会让你花更多的时间来体会你真正的感受。所以，如果你没能回忆起任何兴奋时刻，也没有关系。并不是所有的练习对每个人都有效。总会有有效的方法！你产生的喜悦和活力，说明你正在向正北方向迈进，你也可以从体会其他情绪中得到一些关于正北方向的线索。记住，你的情绪能够说明你在意什么。

练习时间：感受音乐

挑选两首真正能触动你的音乐：一首欢快的歌曲和一首悲伤或愤怒的歌曲。去线上音乐库和你的音乐收藏中找一找。首先欣赏一下你选择的能给你带来欢乐或活力的歌曲，并深入体会你产生的情绪。如果你能与快乐、灵感或希望建立联系，请在你的笔记本中写下与未来的你相关的想法或画面。接下来，聆听悲伤和愤怒的歌曲。关于这些歌曲，请在你的笔记本中探究你感觉到的失落或不公是什么，以及这对你来说可能代表着怎样的意义。

当你有意识地采取与你的价值相一致的行为时，你就会产生一种活力。但让你感到不舒服的情绪也会传递特定的信息，让你了解哪些事物对你来说是有意义的。如果你选择了一首悲伤的歌，问问自己，我与这首歌产生共鸣的失落感具体是什么？如果你能确定失落感对你来说到底意味着什么，你将获取一些重要的信息，让你了解自己到底在意些什么，你在你的生活中更想得到什么。如果你与一首引起愤怒情绪的歌曲产生共鸣，请问问自己，我到底感觉哪里不公正？愤怒就意味着不公。如果有事情让你生气，那么你一定是在意它的，对吧？那么有什么不对的地方需要纠正呢？你会怎样去纠正自己世界里的这种错误呢？

妮娜选择了娜塔莎·贝丁菲尔德的 *Unwritten* 作为她的欢快之歌。结果表明，这完美地验证了她感到的不确定性，并包含了她更深层次、未经挖掘的价值。她怀旧情感让她选择了梅雷迪丝·布鲁克斯的 *Bitch* 作为她的愤怒之歌。这有助于她深入挖掘自己对不公正的感受，因为她必须继续一份无法让她实现自身价值的工作。她意识到自己这样做很大一部分是为了安抚父母的忧虑，让他们知道自己有一份稳定的工作。这些感觉帮助她认识到，她真的想有一个可以让她承担更多的风险、变得混乱和不完美的空间。当她意识到这一点时，她已经注意到"多冒点风险"以及"更真实地展现自己"的背后的价值。

身处"我知道……，但是……"的境地

UI 的第二部分是"我知道……，但是……"导致的障碍。如上文所述，一旦我们稍微了解我们真正在意的是什么，体内就会出现一种声音，咆哮着可能出错的想法和感觉。杰西卡的创造力价值和她成为一名作家的目标有着密切的联系。当她在名为"孤独"和"被遗弃感"的乘客导致的焦虑和悲伤情绪中挣扎时，创造性写作一直是她感到踏实的一种手段。对她来说，将自己的想法和感受转化为文采飞扬的文字表达能够让她达到极度专注的状态，身体也轻盈了起来，这是她在其他任何时候都无法体会的。

但是，当她试图把这种价值应用到学业上或是开始写她想创建的博客时，她似乎从来没有采取行动。当她感到孤独，无法与母亲或男友建立联系时，她身心之车上的乘客会为她提供无数拖延的理由。每次我们探讨是什么阻碍了她下定决心，她都会回答："我知道，但是……"

没有但是

　　"没有但是"是一个简单的方法，能够让你进入创造性空间，并在不确定性中"静坐"。请记住，我们说话和思考的方式会对我们的感受产生巨大的影响。"但是"虽然看上去是一个微不足道的词语，但却会造成很大的障碍。"但是"这个词在拉丁语中实际上是"除去"的意思。当我们说"但是"的时候，我们实际上是在说："请忽略我所说的第一部分。"结果就是，我们会觉得自己和我们所说或所想的后半部分建立了更有效的联系。结果就是，这个小小的词实际上把我们困在了一个非黑即白的空间，并让我们无法挣脱。对杰西卡来说，"但是"之后通常会有很多她在给定时间无法写作的原因："我不行，我太难集中注意力了。""这感觉不对。"这让她陷入了一种困境而无法让她产生写作的欲望！

　　暂停。 在你的笔记本中，请用"我知道，但是……"的句式写下你的愿望。例如，"我知道我想从事_____领域的工作，但是我担心_____。"让这种想法在你的脑海中滚动，注意它为你带来的感觉。下一步，去掉"但是"后，写下同样的句子。重复这一练习，并用这种方式在你的脑海中与你的愿望建立联系。请注意用这种方式思考或说出你的愿望会给你带来什么样的感觉。

你是否意识到，在句子中去掉"但是"会让两个命题同时成为现实？这个简单的"没有但是"规则将帮助你持续意识到这种"同时"。你可以保持这样一种意识：追求你的正北方向既是你真切渴望的，同时也是困难的、可怕的、不确定的。一开始，去掉用"但是"可能会有点不自然。但继续练习，你就有可能富有技巧地坚持自己对理想状态的追求，并在追求的同时容忍乘客带来的不适想法和由此产生的不良情绪，这种技能是非常关键的。

练习保持"同时"的意识

当杰西卡努力维持自己对写作的决心时，她花了一段时间才弄清楚到底是什么阻碍了她的写作。毕竟，她真的很重视创造力，也享受写作的过程，她真的梦想把这当成自己的职业。我们决定做一个练习，让她和梦想建立联系，并找出身心之车上任何可能劫持她的乘客。

如果你有一个远大的梦想，一个你当作自己人生目标的愿景，并且你此刻感到自己前进的脚步受阻。那么下一个练习就是为你准备的！即使你的正北方向还是有点儿模糊，我依旧鼓励你尝试一下这种做法，因为它将帮助你与你想要的未来建立联系。这也是一个具体的方法，能够让你识别那些阻碍你前进的乘客，并与它们和谐共处。

练习时间：让成功变得具体

　　你需要一些时间来整理自己通过这一练习所感知到的东西。它能给你力量，推动你朝着自己的目标前进吗？它为什么可以帮助你保持前进的动力？如果你觉得这很有挑战性，你需要意识到你想要的东西和困难是同时存在的。一定要在笔记本中记下你所想到的和你对练习的反应。

　　当杰西卡做这个练习时，她有一个意想不到的反应。如果她想象自己的成功，她将会做什么，将会有什么感觉。令她惊讶的是，当她想象着自己的博客粉丝数量上涨，并像《精英日报》和Refinery29等知名媒体一样为人追捧时，她泪流满面。练习结束后，我让她多给我讲讲她想象中的经历。

　　"你看到了你想要的成功吗？"我问。"是的，是的。"她回答，眼泪汪汪地伸手去拿纸巾盒。"只是我现在离那个目标很远。当我想象着建立一个粉丝群并运营它时，我感觉到手足无措。"当她进一步探索时，她注意到自己的身体有多么沉重。想象成功并没有让她与她充满希望和活力的正北方向建立联系。相反，她被成功可能引发的焦虑卷入了旋涡。这让她忽略了"同时性"：在追求创造性写作的同时存在着阻碍她的乘客们。但这次练习帮助她看清了自己到底是如何被劫持的，这为她创造了条件，让她进一步了解自己需要什么样的技能才能建立并同时保持这种"同时"的意识。

　　你对成功的想象有过类似的、不太愉快的反应吗？如果你感觉到了不适，那么你真的很细心！这个练习叫作"曝光练习"。像这样让你的脑中浮现你实现自我价值的理想画面，会让你暴露在那些让你与决心背道而驰的乘客面前。像这种视觉化练习也是体育心理学家要求运动员完成的。你练习得越频繁，就会越有意识地回到想象中，而乘客对你的控制就会越少。后文中，我们会讨论如何使用曝光练习来熟练地与乘客打交道。现在，如具你在这个练习过程中确实出现了令你不适的想法和感受，我强烈建议你把你想到的东西记录下来。你以后很有可能需要针对这些思想和情绪应用你的技能。

身处"过度关心"的境地

在青年危机中，第三道障碍往往出现在你与充满不确定性的空间进行谈判的时候。生活经常让我们在那些对我们同样重要事情中做出选择。艾米的优点之一就是，当她为某件事感到兴奋时，几乎没有什么能阻止她。不幸的是，这导致了相当程度的冲动倾向，这会使艾米在前一个充满诱惑力的项目悬而未决时，就被一个新的项目吸引眼球。艾米有好几个感兴趣的领域。一方面，她为追求成功和经济独立而感到动力十足；另一方面，她对创造性表达也存在一定需求，这两者总是让艾米左右为难。她有很强烈的价值观，要保持工作与生活的平衡，也要保证与男友相处的时间。她认为，生活中所有的这些方面都同样重要。

不幸的是，她所在意的许多事情和目标之间存在冲突，最终导致她被解雇。一个周末，她理直气壮地说，她是在优先考虑自己的情感关系，于是和男朋友上了车，前往参加火人节（一个由某外国组织发起的反传统狂欢节）！而六个月后，她仍然处于失业状态，她不想做一个可能会让她陷入类似冲突的"错误"选择。

暂停。 你能与艾米产生共鸣吗？你是否会因为无法权衡生活的方方面面或同一方面的不同价值而感到无力？

我问艾米："如果你能为你所有的兴趣分配同等的时间呢？对你来说，能够充分而真实地实现你所有的价值意味着什么？"她停了下来，痛苦地低下了头，然后抬起头来，眼里含着泪水。"那将意味着我的生活方式是正确的。我进入了一个……好吧，一个特别的状态，一个，嗯，让我变得很特别的状态，无坚不摧。我不必担心别人设定的规则，因为我会按照自己的方式生活。"

她的回答就像一束光，照亮了她身心之车上的乘客。"所以，如果你不按照或不能按照这种'正确'的方式生活，"我问道，"如果你暂时把一件或一些东西搁置在一边，那将对你来说意味着什么？"她深深地吸了一口气，好像这个想法很让她惊讶。"我想，我会觉得我彻底放弃了！"我们俩突然醒悟了。在艾米实现价值的道路上，名为"患得患失"的老乘客正在劫持她的身心之车，随之而来的是由此衍生出的忧虑情绪。

练习时间：明确价值

在你的笔记本中，针对你的每一个价值，回答以下问题（借鉴自沃尔泽和韦斯特拉普，2007）：在你目前的生活中，追逐这个价值意味着什么？在你生命中的这个阶段，不去实现这个价值意味着什么？你的答案可以帮助你明确：为什么要在生活中坚守这些价值，以及你可能面临的限制。

练习接受局限性

价值本身很少发生冲突。你有可能一方面高度重视某些事物，另一方面在不同程度上追求一些价值。艾米平衡工作和生活的价值可以帮她维持关系、保障经济来源，也有助于她更专注自己的工作。而她对音乐和创造力的热爱可能会让她放弃这种价值。

有时，我们价值中的目标会发生冲突，因此我们必须在生活中的任何一个给定时刻作出优先决策。像艾米那样，把某种价值完全抛到一边，会造成不平衡。就像音乐均衡器上的小节一样，我们可能会升高或降低每个滑块，以满足某个特定时间的频率要求：我们会选择要调高哪些声音（价值）以及何时让这些声音（价值）保持平衡。然而，一次性把所有声音都调高会造成混乱和一成不变。当你谱写你生命中的交响乐时，你必须选择优先突出哪种音调和哪种乐器。每一天，每时每刻，你都活在你创作的并要随之起舞的音乐中，活在你理想的人生中。

　　每一个选择都有成本和收益。如果你向左拐，你会因失去右边的风景而感到痛苦。如果你向右拐，你会因失去左边的风景而感到痛苦。下文中有一个简单的练习，可以帮助你克服生活的局限性，当你身处"过度关心"的境地并感到不适时，这个练习可以为你提供帮助。

　　暂停。 在进行想象成功的练习时，你会产生令你不适的想法和情绪，回忆一下这些想法和情绪。现在，把这本书放在一边。要么闭上眼睛，要么凝视你身处的房间。吸气时，富有同情心地对自己说："我在有意识地吸气。"正确面对与这个目标相关的焦虑、沮丧或失落感。在呼气的时候说："我保持接受的心态并呼气。"为了实现我们更大的目标和价值，生活对我们施加了一些限制，而你坦然接受。对自己多次重复这种表达："我在有意识地吸气，我保持接受心态并呼气。"

　　当失去渴望的东西时，你需要正确面对，同时你也需要接受生活有一些局限性。这个简短的练习可以帮助你在两者之间找到一种平衡。这种表达可能对各种大小不同的选择都有帮助：当你想吃掉整个比萨时，你的追求是保持健康；当你想多看一集电视剧时，你的追求是在第二天上班时保持集中的注意力。你一直在往正北方向走，并与不适感并肩而行。面对不确定性时，你会保持这两种意识，并在确定目标优先顺序时做出一些艰难的选择。这一章是关于如何找到自己真正的人生目标，这使克服不确定性带来的挑战显得十分必要！接下来我们要去哪里？请继续读下去，勇敢的旅行者！

CHAPTER

第三部分

**拥有技能的自我：
获取成为合格大人的技能**

第

6

章

∨∨

与情绪和谐共处：确认的技能

快乐：这不好玩吗？

愤怒：我现在可以讲脏话吗？

悲伤：哭泣使我放慢脚步，让我对生活的压力产生执念。

厌恶：我刚刚救了我们的命，不用谢。

恐惧：也许是只熊？

——来自电影《头脑特工队》

动画片电影《头脑特工队》绝妙地展现了我们人类与情绪的复杂的内在斗争。在这部电影中，11岁的莱莉有着五种初级情绪，分别在电影中拥有自己的角色：快乐、悲伤、恐惧、厌恶和愤怒。一开始，快乐处于主导地位。因为快乐不认为悲伤有任何作用，所以它和其他情绪都在积极地阻止悲伤触及莱莉生活中的任何事情。这让莱莉成了一个乐天派的女孩，直到她面临人生的第一次重大改变。

当她的家人从中西部搬到旧金山时，莱莉不知道如何面对自己因抛下童年家园而产生的悲伤情绪，也不知道如何与这种情绪建立联系。由于悲伤无法让莱莉进行洞察，她经历了一段充满了挣扎和不幸的时光。最终，快乐发现了悲伤的用处：与我们亲近的人建立联系并产生同情心。电影结尾时（下文含有剧透），莱莉的所有情绪都接受了悲伤。莱莉能够适应并开始创造新的记忆，因为她所有的情绪共同创造了一个更加和谐的内心世界。

虽然《头脑特工队》的主角只有 11 岁，但这种接受情绪的想法对于各个年龄段的人来说都是一个全新的概念。我们的情感功能是一门新的科学，所以我们大多数人都不了解应该如何利用自己的技能以这种方式进行自我情感关怀。在 21 世纪，成为合格的成年人极富挑战性，但与此同时，我们也能够通过了解一些以前不够了解的事物而受益。你的情感，你所有的情感，在建立一个真实的、相互联系的、价值驱动的生活中起着至关重要的作用。这一章将帮助你培养进行自我情感关怀时所需的技能：充满自我同情和主动性的情感验证。

准备练习

阅读到现在，你应该知道：与你的内在体验持续斗争只会增加额外的痛苦，我也希望你能通过仪表板练习和暂停练习体会到这一点。你也应该清楚，我们用来逃避、控制和无视情绪信息的情感习惯会让我们像莱莉一样，偏离我们理想的成年生活方向。所以你一直在向一个空间前进，在那里，你可以以不同的方式与你的情绪建立联系：不那么严厉，保持更开放的心态。积极练习如何更好地去体会你的情绪，才能让你在不远的将来感觉更好，你也会由此获得情绪调节的技能。

为什么进入困难的情绪中能够让你有效地走出 ETA 的旋涡并培养你的情绪调节技巧？有两种解释，一种是为了减少不适；另一种则是为了努力接受并主动感受不适。这两种疗法都以传统的认知行为疗法（CBT）为基础，并拥有大量的理论研究支持。

传统的基于 CBT 的技能旨在通过实现"习惯化"或"消除"来减少焦虑和其他不舒服的情绪。习惯化是指，特定的情况会触发你的生理和情绪反应，而反复曝光在这些情况下时，你的反应就会减弱，就会产生习惯化。消除恐惧或焦虑的反应意味着意识到自己能够处理这些情绪（意识到即使身处这些情况中，也不会有不好的事情发生）。在你的生活中，你可能会发现很多曾经让你紧张的事情现在已经变得平常。例如，当你第一次学开车时，你一开始会很焦虑。但你仍然会一直开车，直到有一天你意识到，开车不再让你紧张。人们长期以来持有的观点是，反复曝光，并在曝光期间允许自己的不适感上升和下降，就会导致焦虑感的总体降低（莫斯科维奇，2009）。

最近，你在这本书中学习到的有关正念和接受的实践已经被整合到 CBT 中。第三波基于正念的 CBT 疗法强调将注意力从我们的关系（更少的评判、更多的接受和友善）中转移到我们的内在体验上。这一转变的目的在于降低引起问题的次级反应性。有趣的是，最近的证据表明，能够导致情况改善的不是曝光期间情绪下降的程度，而是你允许曝光的主动意愿（科拉斯克，2013）。换句话说，真正重要的是你主动尝试的意愿！

　　在这一章中，我们将深入探讨一系列练习，其中一些在前面的章节中已经介绍过，它们将教你如何更主动地关怀自己的情绪。一些练习是在你的日常生活中可以应用的简单练习；另一些则是更深入的练习，可以随着时间的推移提高你的情绪灵活性。如果你发现一个练习特别有用，你可以在你的笔记本中记下来。在书的最后，你将需要回顾这些练习，以制定你自己的正念掌握练习计划。

利用你的即时体验进行练习

　　为了真正了解在现实生活中情绪被触发时如何本能地反应，你必须根据自己真实的即时情绪进行练习。有意识地了解某件事与做出本能反应有很大的不同。所以为了在遇到下一个情绪触发点之前学会如何培养调节技能，一个很好的方法就是积极地、主动地产生相应的情绪并练习。在实验研究中，为了探索情绪如何与仪表板其他组成部分的相互作用，心理学家使用了被称为"情绪诱导"的技巧。情感诱导指主动地产生一种情感体验，而不是仅仅等待它在现实生活中突然出现然后进行捕捉。下文列举了几个能够让你的情绪显现的简单方法，这样你就可以根据自己的实际体验来练习调控。

· 听音乐和看电影，以唤起你的特定情绪。

· 想象和记录让你痛苦的事情。

· 与信任的朋友一起重现常见的困难场景。

· 采取行动实现你的正北目标（价值）。

暂1停。 翻一翻你的仪表板表格，看看你最常识别出哪些情绪。制作一个播放列表，列出几首可能会引起同样情绪的歌曲和电影，并随时准备在阅读本章时利用这些资源。

当你学习这些技能时，首先从低强度的情绪开始练习。例如，利用音乐，或者想起一些会让你感到稍微有点不安的事情来掌握练习的过程。一旦你熟悉了练习的过程，就要增加练习情绪的强度。如果你被诊断出有（尤其是由创伤性生活事件导致的）情绪失调或焦虑症，那么在处于对情绪的深度曝光状态时，你需要请你的治疗师帮助你恢复平静。就像你在刚开始练习卧推的时候，不会在没有练习或教练不在场的情况下一开始就挑战高阶的练习重量，而是会慢慢调整练习强度，以增加自己的耐受力。这个过程将增加你的情绪灵活性，帮助你控制情绪触发点，并在你成为合格成年人的过程中保持坚定的决心。

从身体开始

你会忽略你的身体吗？身体中，无数微不足道的信号始终不断地传递着情绪信息和预警迹象，表明压力对我们身心之车的影响。对我们大多数人来说，这些信号远远超出了我们的意识范围之外。而我们的生活往往充满了沉思、担忧和评判，许多令人头痛的事情困扰着我们，而这只会导致我们更多的情绪波动。对大多数人来说，我们的雷达还远远捕捉不到与情绪相关的身体感受，直到我们的情绪尖叫着吸引我们的注意力！

我们的身体是产生情绪的源头——这些情绪在我们身体上都有具象化的表现。在一种情绪和采取行动的冲动之间的空间里，是身体的生理变化提醒我们关注情绪。心跳加速、身体沉重和呼吸急促时，我们的身体会向大脑发送双向信号。由于身体和我们的情绪之间的相互影响，我们需要有意识地去体会我们的身体感受。当我们能与我们的身体感受建立更好的联系，将其作为我们情绪的体现时，我们会找到一个绝佳的切入点来锻炼技能。

与情绪建立联系

当你感到压力过大，情绪即将爆发时，你需要做的第一步就是密切关注身体的信号。在表 6.1 中，你会找到一些常见的身体感受以及与之相关的情绪。如果你无法根据仪表板识别出你的身体感受，这张表可能会有帮助。你可能感觉不到所有的身体感受，但你需要逐渐把注意力转移到你的身体上，并注意早期的反应。就像我常说的："意识会进行时间旅行，但身体不会！"所以以这种方式转移你的注意力，会帮助你在当下时刻定位自己的情绪。这将使你更善于感受自己的情绪。在感到有压力时，倾听身体的信号是让情绪稳定下来的第一步。

表 6.1　情绪和常见的身体感受

情绪	身体感受
恐惧、焦虑、紧张、惊讶、兴奋	肩膀耸起、胸闷、气短、出汗、头晕，眼睛和嘴巴张开
愤怒、恼怒、烦恼、沮丧、厌恶	皱眉、嘴角向下、上唇紧绷、胸闷、眼睛眯起
难过、绝望、痛苦、悲伤、悲痛	身体沉重、昏昏欲睡、疲劳、泪眼汪汪、垂头丧气
幸福、开心、愉悦、享受、快乐、兴高采烈	身体轻盈、放松、感到舒适

练习时间：身体扫描

身体扫描是一个可以让你检查身体感受并与你的身体建立联系的好方法，将你的身体感受整合到你的情绪系统中。通过练习身体扫描，你将学会以系统的方式将注意力转移到身体的每个部位。除非有严重创伤史，大多数人都认为这种冥想是非常令人愉快和放松的（菲纽肯和默瑟，2006）。最重要的是，你能够通过自己的体验感受到身体的媒介作用：你的想法和行为会对你的感受产生很大的影响。关注并倾听你的身体感受，不做出任何反应。创造一个安全的空间，让你更安心地进入自己的观察者部分。这个练习对心理健康状况的改善尤其有效，其作用包括缓解焦虑、减少不良生理反应以及减低对人际关系的敏感性（卡姆罗迪和贝尔，2008）。

主动接受暴风雨的洗礼

主动意味着你允许自己感到不适，这是自我情感关怀最实用也是最基本的技能，但这往往也是最困难的，因为人人的身心之车都有根深蒂固的自动驾驶仪，而主动性需要你对抗自动驾驶仪遇到情绪波动时做出的反应。这种技能十分违反直觉，所以人们总是因此感到沮丧不已。我已经有无数次听到过："这些情绪（焦虑、抑郁、渴望，或其他什么）让我痛不欲生，我怎么能主动接受它们呢？"一开始你的大脑很可能不会主动思考，但是我们可以通过身体的练习来实现这一点。你可以利用你（对身体）的控制力来减少对情绪毫无帮助的刺激反应，直到你的思想开始接受为止。我称之为跨越"主动之窗"，这种练习通过一个具体的动作让你学会主动。

练习时间：主动之手

这个技能（借鉴自辩证行为疗法，DBT）是一个简单的身体练习，你可以通过这一练习，让自己产生对情绪的反应。"主动之手"是一种自然的身体表达。这个练习会向你的大脑传递一个清晰的信息，那就是你对你的体验保持着开放的心态。从进化论的角度来说，如果存在真实的威胁（你的情绪会试图给你传达这一错误的信号），你根本不会让你的身体采取行动。记住，你的目的不是消除不适感。相反，当你在练习放弃挣扎和避免产生次级反应时，这些不适感会让你进入 ETA 的旋涡。当你在日常生活中遇到令你不适的境况时，这项巧妙的技能会帮助你做出正确的反应。下文简要介绍了练习的步骤：

1.运用情绪诱导技巧，让自己想起一件一直让你痛苦的事情。

2.注意你产生的所有情绪、想法的类型，以及你觉得自己的身体变得紧绷、沉重，或者紧张不安的部分。做一次心理快照。

3.在你与自己的不适感建立了联系后，将双脚平放在地板上，同时直立坐着，头部和颈部处于一条直线上。

4.双手伸出，掌心向上，稍微远离身体。

5.让你的肩膀远离耳朵。

6.鼓起腹部。停止思考，有意识地体会你的身体感受。保持现在的状态，做一次心理快照。

关注并倾听情绪

　　记住，我们的情绪起着至关重要的沟通作用。所以，以一种巧妙的方式给予它们足够的关注，去倾听并理解这些信息。关注你的身体感受将帮助你在一定的时间内保持一定的专注。在人生道路上前进的过程中，关怀自己的成年生活是你的职责，你需要以一种新的方式，一种更善于确认、更富有同情心的方式，去倾听那些孩子气的情感部分。

确认：你的情绪灵药

　　确认你的情绪意味着花一点时间去关注当下正在发生的、特定的身心体验。这可能与我们通常使用的"确认"这个词有所不同。这里的"确认"不是指鼓励或赞成。确认没有有关"好坏"或"应不应该"的判断。当我们对情绪进行确认时，我们只是承认事实是存在的。就像我们在驶出大楼停车场时会出示一张停车小票，以说明自己的确曾在大楼里。而情绪确认只是在简单地表达"情感的确在身心之车里"。这样做，你就改掉了自己无视情绪的习惯。确认就像 ETA 系统中的齿轮润滑剂，为提高身心之车的灵活性以便更轻松地克服颠簸奠定了基础。

制定确认声明

我教客户处理困难情绪的首要技能之一就是准备好一份确认声明。这个简单的技巧将帮助你在下次被触发或情绪开始出现时进行更有效的自我对话。

第一步：给情绪下定义。请记住，简单地定义你的情绪能够脱离 ETA 的旋涡（托瑞和利伯曼，2018）。许多研究表明，定义（自己或别人的）情绪，能够激活大脑中掌控逻辑和推理的部分（前额叶皮质），这会降低情绪中心（杏仁核）的活跃度。更具体地说，定义情绪可以提高曝光练习的有效性，这与你从本书中学到结论的相似（奈尔斯等，2015）。所以一定要尽可能找出特定的词来定义你的情绪。如果你需要帮助，请参阅第 8 章《情绪及其行为倾向》。

第二步：确认你的心声。下一步就是要弄清楚你的情绪有什么含义。请记住，考虑到你身心之车的乘客与实际情况的交互方式，所有的情绪都是有意义的。

与其压抑或评判你的情绪，不如确认一下你的心声。扪心自问：今天我有没有产生什么生理性的变化让我的身心之车变得更脆弱？其他人在类似的情况下也会有这种感觉吗？过往是否发生了什么事情（某名历史乘客是否与此有关）？下表 6.2 概述了可能导致你身心之车脆弱的生理因素，这将有助于你日常情绪的改善。

表 6.2 生理性脆弱因素

睡眠	睡眠不稳定或睡眠不足会增加身心之车的脆弱性
饮食和营养	加工食品和精制糖会加重肠道炎症，导致肠道微生物进一步失衡，从而导致脑雾和其他症状
缺乏运动	大量研究表明，缺乏运动会使我们更容易受到生理应激反应的影响
身体疾病	与疾病或感染相关的炎症会使我们更加喜怒无常 持续使用抗生素或类固醇药物也会破坏肠道的营养吸收
情绪调节物质	药物和酒精可以暂时缓解压力，但会使我们更容易受到反弹的影响
激素周期	正常的变化周期，包括每月月经、怀孕时的身体状况会影响情绪

练习时间：你的确认声明

回顾一下你在被触发之后记录的一份仪表板表格并填写以下句子，练习确认你的内在反应。如：在发生 ＿＿＿＿＿＿＿ 的情况下，我会产生 ＿＿＿＿＿＿＿（定义或命名某种情绪）的情绪，这很正常，因为（选择以下一个或多个选项）：

1. 我曾受到或正在受到 ＿＿＿＿＿＿＿（生理性脆弱因素）的影响。

2. 任何人在类似的情况下都会产生这种感觉。

3. 由于我经历过 ＿＿＿＿＿＿＿（过往经历），我的乘客（尽你所能给它们下定义）受到了刺激。

这个句子一开始读起来可能有点不自然。你可以对它们进行调整，让它们听起来更真实。你的目标是以一种更有效的方式与你过往的经历建立联系，这将有助于减少次级反应。当你发现自己被触发，或只是单纯地在为日常负担而感到痛苦时，这种自我对话的方式能够替代你习惯性的反应方式。

自我同情

自我同情能够促进自身友善感的产生并推动自己与其他人建立联系。多次研究证明，下文中将要提到的做法能够更好地促进心理健康和提高生活满意度（内夫和杰默，2017）。

你可以通过给予自己三种关注（宽恕、舒缓的语调和触碰）来实现自我同情。你的目标是走出自我批评的模式并意识到这就是普遍的人性。这项技能能够让你与自己的痛苦建立联系，也能让你意识到我们所有人都会经历痛苦，你并不是一个人！当你陷入自我批评并产生"为什么会是我？"的想法，或感到孤独或与人疏离时，自我同情都是一个很好的练习。

练习时间：实现自我同情的步骤

在这个练习中，你需要选择一个你喜欢的触碰方式，试试下面的每一个选项，看看哪一个能让你产生共鸣：

· 双手放在胸前，一只手放在另一只手上面。

· 将两只手交叉放在胸前，一只手臂放在另一只手臂的外侧，就像你在给自己一个拥抱。

　　·将双手轻轻放在脸颊上。

　　·将一只手握成拳放在胸前，将另一只手轻轻放在拳头上。

下一步：

1. 保持你选择的自我同情姿势。

2. 运用情绪诱导技巧，来让自己想起一件一直让你痛苦的事。

3. 用温和而舒缓的语调，慢慢地对自己说："这是一个痛苦的时刻。我看到你了（给当下的情绪或身心之车乘客下定义）。这真的很难。我承认，这种痛苦是生而为人的一部分。我不是唯一会产生这种感觉的人，希望我能善待自己。"

　　记录这个练习给你的感觉。自我同情一开始会让人有点儿自怨自艾。所以你需要继续调整措辞，让表达听起来更自然。重要的是，你需要找到真正的自我关怀和建立联系的感觉。

练习时间：进行情绪点名

　　第3章中介绍过这一想象练习，它会引导你定期关注你身心之车上的乘客的情况，这样你就可以和它们保持一个更好的关系。这一引导下的想象练习会给予其他的抽象经验一个具体的形式，能够帮助你将不加评判的态度付诸实践，并实现主动接受和自我同情。

　　和之前你练习想象自己身心之车上的孩子们一样。在这一练习中，你需要选取一个你通过仪表板表格识别的情绪或乘客，并根据这种情绪开展练习。通过这种方式将你的情绪展现出来，使你能够练习更主动地接受你自己的这些情绪。

暂停。当你进行这些练习时，你的主动性如何？记住，你可以按照自己的节奏来做这些练习。虽然主动性很难提升，但目标是可以调整的。如果你一直在跳过体验练习，你可以试着为你的目标设定一些标准（最佳、可接受和及格），以帮助自己逐步向前迈进。

将主动性提升到下一个阶段

直到现在，你一直在感受你的情绪。你正在慢慢进入下一个阶段，为应对更困难的情绪做好了准备。在本书的这一部分，你将更多地接触到更加困难的情绪。以下练习将帮助你建立长期的情绪灵活性。你准备好进入下一个阶段，将自己曝光在那些乘客面前并让它们认清到底是谁占据主导地位了吗？

通过曝光开展练习

这些视觉化想象练习的目的是让你在更高的情绪强度下，积极地引导自己唤起并体会困难的情绪。记住，进行曝光练习的唯一目的是让你了解，即使你会因为情绪产生不适感，你依然可以采取行动应对你的情绪和随之而来的身体感受！只不过这需要一些练习。

理想的练习时间是每次 5 到 10 分钟，或者更长时间。最重要的是，你让情绪停留至少一两分钟，以度过其峰值强度。在情绪强度下降之前中断练习会让你产生解脱感，而这种感觉会强化你的逃避倾向，所以请坚持下去！

练习时间：放马过来！

视觉化想象练习能够帮助你更容易地进行情绪调节和提高心理灵活性。你会获得相关引导，从而唤起一些困扰自己的想法，这样你就可以在你想象中的现实面前练习自己的情绪调节技能。你既可能会纠结于评判情绪并试图强行压制不适感，也可能会运用情绪调节技能并采取行动。通过本次练习，你会感觉到两者的差别。

这一次，请在你记录的仪表板中找到能够触发更强烈情绪的情况，然后根据情况开展练习。在本次练习过程中，你需要受到相应的引导，以便能在陷入纠结和采取行动之间转换。

练习时间：想象成功，克服阻碍

如果你一直很难与自己想要的生活方向建立联系，也无法下定决心做出改变，那么这个练习将会对你很有帮助。它会激励你朝着自己的目标前进，或者让你发掘出任何可能阻碍你进步的，同时也是你没有意识到的情感盲点（假设、身体反应和相关情绪）。练习会让你接触到这些体验，从而让你锻炼自己主动接受的技能。另一个额外的好处是，你所发现的可能是关于其他（思想和行为）技能的信息，你可以运用这些技能来维持你的决心。在这个练习中，你将想象自己成功地从你认为非常重要的生活方面中取得有价值的成果。

暂停。 你在前两次练习中体现出的主动性如何？这些练习旨在帮助你在接受和改变之间保持平衡。现在，我们将进入更深层的情绪曝光。你准备好了吗？

制作一个曝光脚本

下文中，传统的 CBT 曝光练习可以帮助你克服与社交场合、公共演讲或任何你需要完成的任务有关的焦虑，这会使你朝着你的正北目标前进。这一次，你需要回顾你在上一章所列的决心清单上的压力情况等级。选择一种你认为给你带来的痛苦程度达到了 40% 及以上的情况。为了达到效果，你可以选择一些让你足够痛苦的事情来唤起你的情绪，但是不要太痛苦以至于让你放弃练习。同样，如果你会定期咨询治疗师，那么请寻求她或他的帮助。

练习时间：曝光不确定性

在你的笔记本上创作一个详细的脚本来描述你所选择的情况。以撰写电影剧本的方式描述一下最坏的情况。"谁在那里""发生了什么"或者"你在想什么？"尽你所能并富有创造性地写一篇叙述，并运用第一人称描述你将经历的事情。例如：

我走进老板的办公室，她正坐在书桌前全神贯注地做些什么。我准备向她提出加薪的请求，我的心怦怦直跳。我担心自己会惹她生气，她会认为我提出这样的要求很可笑。我开始出汗了……

读出你写的脚本，并用你的手机录音，确保你的录音至少持续5分钟。记住，你的目标是体会你的情绪。为了达到效果，把你的注意力集中在想象中的场景上。注意任何让你分心或阻止你对自己的想象全情投入的冲动。你头脑中产生的、任何能够减弱想象练习的想法，都会破坏本次练习的效果。

下一步，安排一个安静的时间和地点，你可以坐下或躺下，仔细听你的录音，并同时展开想象。你需要捕捉到自己情绪的产生。不要试图以任何方式改变你的情绪。让你的情绪强度达到峰值。你需要在脑海中对自己想象的画面全情投入，让你的情绪尽可能地放大。当你的情绪强度达到峰值的时候，你要用0到100来为你的情绪强度打分。坚持下去！

记住，你最不应该做的事就是在痛苦程度过高的时候放弃努力，因为这只会强化你逃避情绪的习惯使你意识不到自己能够应对情绪。当录音结束的时候，继续在你的脑海中给你的痛苦打分。如果你的痛苦程度仍然很高，试着通过"主动之手"练习专注于你的身体和当下时刻以帮助你把情绪水平恢复到自己可以接受的范围。请每天重复这个练习，直到你开始发现，你的情绪就像一部不断重播的电影，它们再也不能对你产生同样的作用。一旦你到达这一阶段，你就可以对你清单上的下一种情况重复这些步骤，直到你能够掌控最可怕的一种情况！如果你能够达到这一目标，你就会成为一个优秀的情绪管理者！

暂停。 你的主动性水平如何？你有没有培养自己接受不适感，并与之和谐共处的能力？

产生良好的感觉

在进行了所有这些努力之后（主动寻找困难、练习主动接受并与不适感携手同行），你就会获得一些良好的感觉！毕竟，培养自己的心理灵活性——进入你的情绪和从中抽离——并不仅仅是为了应对困难的情绪，也是为了增强自己与那些令人愉快的情绪的联系！如果你已经和那些令人不适的情绪对抗了一段时间，你就很难关注那些令人愉悦的情绪。既然我们能控制自己的行为，那么就让我们做一些令人产生愉快感受的练习吧。

仁爱冥想

仁爱冥想是一种传统的东方冥想，旨在培养对自己、对他人和善而积极的态度。最近的一项研究发现，这种练习对产生积极的情绪有着显著的影响，比如快乐、骄傲和自尊（曾等，2015）。所以你会想要学习这种技能的！

练习时间：仁爱冥想练习

我们的大脑天生就会寻找问题。就像你一直在了解的所有心路历程一样，这一特性也很好地服务于人类在进化过程中对生存的追求。但是当我们的追求超越于生存之上，当我们朝着热爱的生活迈进时，我们需要主导这种本能。这一练习可以帮助你与生活中丰富的事物建立良好的联系，并为将来接受更多丰富的事物开辟空间。你要学会积极地向你自己、你爱的人以及你更广泛的社交圈中的人表达善意和友好的祝愿。如果你愿意，也请将这些善意和祝愿传达给那些曾为你带来痛苦的人。

暂停。这是一个充满挑战的篇章！你应该祝贺自己来到了这一步。然后，问一问你自己："我可以下定什么样的决心来练习这些技能，实现进步？"在你的笔记本里，写下你为了锻炼自己的情绪确认技能而下的决心。

在这一章中，你进行了一些关键的练习，在日常生活中，你能够运用这些技巧关怀自己的情绪，并提高自己的情绪承受能力。关

键的一点是，掌握处理情绪的技巧意味着，当你的情绪出现时，你

需要对自己足够友好。在本章中，你学会了第一步：确认你的情绪。

在接下来的章节中，你将学习到如何在你的思想和行为中应用情绪

调节技能的关键步骤。

第
7
章

对想法的理智关注：检查的技能

　　纳什：你能看见他吗？

　　学生：是的。

　　纳什：好吧，我总是怀疑新来的人。现在我知道你是
真实的了。那么你是谁，我能为你做些什么？

——来自电影《美丽心灵》

　　电影《美丽心灵》讲述的是主人公的心理自愈旅程。从电影一
开始，观众会认为与电影的主角——数学家约翰·纳什互动的其他
角色都是真实的，而纳什显然也是这么想的。而随着故事的展开，
我们慢慢发现，电影中的室友、小女孩和中情局特工等角色事实上
都是纳什想象出来的，它们都是幻觉。纳什最终也意识到了这一点，
他终于发现事实和他的头脑告诉他的事物是存在区别的。

　　通常情况下，真实的洞察会给人带来最深的痛苦：纳什坚定的

信念和想法都是不真实的，这很伤人。一开始，他会打断这些幻觉。"你不是真的！你不是真的！"他尖叫着、挣扎着推开它们。但这并没有平息这些幻觉，甚至进一步煽动了它们，这让纳什看起来像普林斯顿大学校园里的那个疯子。

最终，纳什放弃了他的斗争。他不再试图推开这些幻想出来的角色。相反，他做出了一个艰难的决定：停止对熟悉的老朋友做出激烈的反应。然而，与电影不同的是，我们的直觉会让我们不得不对身心之车上的乘客做出反应，要想与它们和谐相处，还需要大量的练习以便掌握其精髓。我们所有人都会轻易陷入自己内心的纠结，只有承认这一点，我们才能培养自身技能。这让我们拥有一种自我同情，我们需要这种自我同情来放下内心的挣扎——正确面对我们身心之车所载的乘客——并在我们成为合格成年人的旅程上，与身心之车上的乘客携手同行。

电影的结尾给了我们一个暗示，巧妙地说明了我们可以如何实现这一目标：纳什仍然会看到他的幻觉。因为身心之车上的乘客绝不会离开，它们有时仍然会试图引起他的注意。而当它们这样做时，他不会对它们大喊大叫，也不会遮住眼睛无视它们。他也不会陷入自我反省、评判或苦恼事情为何走到了这一步。相反，我们看到是，面对大脑中浮现的图像，纳什只会报以一次轻轻地点头（确认这些图像），然后把他的注意力转回当下时刻。他会转而关注他的妻子（真正重要的东西），同时允许这些想象出的角色（乘客）存在。

虽然培养情绪调节技巧需要你更加关注情绪，靠得更近以便确认它们。但有效的处理办法是你退后一步、观察并约束自己的想法。

在这一章中，你将学习一些技能，以便练习自主地分离你的想法与事实。为了富有技巧地处理自己的想法，你可以设置以下三个目标：

1.退后一步，观察你脑海中的虚拟场景。

2把你的注意力转移到当下时刻。

3.检查你的想法是否准确，尽量抑制自己对错误的解读产生反应。

意识是第一步：关注思维习惯

我们很难看清自己想法的本来面目。作为一种心理行为，它会受到我们意识不到的隐藏习惯的控制。如果要开始思考自己的心理习惯，我们不妨从我们当下时刻面对的交叉路口开始。让我们回顾一下四种核心的思维习惯（如图7.1）。就像所有的习惯一样，有时它们是有用的，有时它们会适得其反！你更倾向于使用哪种思维习惯？

图 7.1 思维习惯的交叉路口

囿于未来

我们大多数人都了解这一类思维习惯。大脑就像一个对未来充满好奇的孩子，在你的身心之车后座上蹦蹦跳跳，大喊"下一步怎么办？下一步是什么？"它们总是急于在问题真正发生之前预测或解决问题。这个习惯可能是有益的，因为它可以让你行动起来，改变现状。但它也可能是有害的！

对未来的担忧可能会变为一种情绪化的思维习惯。它会给你带来一种能够掌控未来的错觉，这会让你陷入焦虑之中。当你的思维囿于未来时，"下一步是什么？"的想法很快变成"小心！注意！"你可能感觉你需要担忧什么，而这会导致焦虑的加重、对未来问题的夸大和最终的崩坏。它也可能导致轻度躁狂、焦虑倾向和恐慌症状。

困于过去

这个习惯就像来自另一个时空的怪物，可能会跳起来抓住你，这个习惯与后悔和失去的想法有关："如果……就好了""为什么是我？"你也许可以想象，或者根据自身经历了解到这是一种最常与过去的创伤和抑郁联系在一起的思维习惯。任何微不足道的行为都容易激活旧的思维模式，从而激活同样旧的感受和情绪。大脑不断地回到过去，仿佛它能用同样的方式解决现在的问题（它当然不能）。作为一台解决问题的机器，大脑会寻找一个合适的理由来解释为什么会发生现在这种情况。

相较于囿于未来，反复咀嚼旧伤口的好处不那么明显，但这有点像用坏掉的牙齿去咬食物。从某种程度上来看，强烈的疼痛总比隐隐作痛的感觉好。重温过去的伤痛也可以成为一种自我治愈的方式，可以正确面对自己的悲伤情绪（莱恩汉，1993）。但作为一种思维习惯，这种思维方式一定会让你心情低落。大脑的反刍行为只是在消极的想法和记忆之间游走，让你的 ETA 系统不断地陷入旋涡中。

评判倾向

正如你所学到的，立即评判是接受现状的反义词。如果当下时刻并不是你理想中的状态，那么你将很容易陷入这种思维习惯。这种思维习惯是非常诱人的，因为与你评判的对象相比，它能让你感觉到自我良好。评判总是会导致一种暴怒感。"这不公平！"你的大脑在呐喊。倾向于评判的头脑可能会以他人的失败为乐，"幸灾乐祸"会变成一种美味的食物，让你分心，不再专注自身。这些想法会使你陷入易怒、愤怒、嫉妒和敌意（或消极攻击）的状态。如果久而久之你养成了这种思维习惯，你就不会再把你的观点看作是观点，而会把它们当作事实。这会导致你产生愤怒的情绪，因为你会觉得这个世界不接受你对事物"应该如何发展"的看法。

分心

在我们这个科技高速发展的时代，有太多方法能够让我们逃避痛苦！我们很难意识到这种思维习惯产生的影响。分心会让人上瘾，这不一定是因为它能增加美好的感觉，而是因为放空可以让你从困扰你的事情中解脱出来。通往怡人神游的道路是如此自动地铺开，以至于当你面对一些不舒服的事情时，你大脑的意识就会立刻飘然而去。

这种自动驾驶模式可能看起来像是注意力不足、缺乏兴趣和动力，甚至自恋。但它也可能与过去的创伤有关。在创伤情况下，这种策略有助于减少痛苦。但如果它成为一种默认模式，那么当你在成年道路上需要攻克难关时，它可能会引发严重的后果！人际关系紧张可能会给别人造成麻烦，而当你的生活变得了无生气时，或者当你对解决当前的难题感到茫然无措时，逃避是一种常见的反应。很明显，这种习惯会削弱你的注意力、关注环境需求的能力，以及专注于那些需要忍受痛苦的任务的能力。

暂1停。 你的大脑最常神游到哪里？当你继续阅读本书的时候，请有意地捕捉任何思维的游走。把你的注意力集中在身体感受上，比如你的臀部坐在椅子上或脚放在地板上的感觉，练习专注于当下时刻。

当想法变得疯狂

能够进行时间旅行的大脑肯定会把你拉进一个臆想中的现实里，该现实扭曲了真正的事实，使你无法成为一个你想成为的成年人。无论你的内部情绪对话以更严重的形式出现（比如幻听、强迫或思绪混乱），还是以更常见的忧虑情绪、沉思、多动症等形式出现，研究表明，与你的想法做斗争（抑制它们）只会助长它们（纳吉米和韦格纳，2008）。

　　暂停。 现在，我会请你什么都不要想。不管你做什么，重要的是不要去想它。准备好了吗？不要去想香蕉……发生了什么？

是的，大多数人都发现，当自己被要求不要想香蕉时，他们都会立刻想到香蕉。当然，有时候人们会用别的东西分散注意力。然而香蕉仍然决定着你想法的走向，因为你必须把一些不同的东西带到脑海中——你的想法并没有为你的目标和价值服务，而是为了让香蕉和疯狂的想法远离你。你能意识到这一点吗：即使你决定不去想一些事情，身心之车上的乘客也仍然占据着主导地位。当你遇到其他能够让你想起香蕉的东西时会发生什么？很快你就不能思考或做任何与香蕉有关的事情了。你会在你的大脑里玩一个"打鼹鼠"的游戏，直到大脑中没有剩余空间去想别的事情！

与观察者重新建立联系

如果要有效地处理你的想法，其核心技巧在于平衡"推开想法"和"陷入其中"。心理学家把这种平衡的过程称为"认知解离"。有趣的是，最近的研究发现，当我们的情绪被激活时，我们会失去辨别相关情绪的能力。融合思想与情绪并没有有效使用我们的确认情绪的技能（来自上一章），而是激活了多重（次级）负面情绪（普隆斯克等，2017）。所以在运用情绪调整技能定义你的情绪的同时，要善于从你的思想中抽离。下文中有两个练习，帮助你培养抽离、分散的能力，让你更专注于当下时刻面临的交叉路口。

从想法中抽离

有时候，当我们思考和谈论我们的经历时，我们使用的语言强度（对他人或对我们自己而言）会增加交流的价值。但我们需要付出代价的是，多种体验的重叠、相互作用会让我们感到痛苦。要解决这一问题，并解开这些纠缠不清的想法，一个很好的方法是利用ACT中的一个一百年前发明的抽离技巧。

练习时间：重复思考

检查你的仪表板，看看是否有一种杂乱的或能够唤起特定情绪的想法反复出现（或者让你深信不疑）。对杰西卡来说，这种想法是"没人在乎"。对艾米来说，这种想法是"他们不尊重我"。最好把你的想法缩短到几个字。一旦你确定了这个想法，让它停留在你的脑海中，并注意任何情绪或身体的反应。将计时器设定为两分钟，然后开始大声重复这个想法，一遍又一遍，尽可能快。尽量在两分钟结束前不要停下来。准备好了吗？开始！

　　在做了这个练习之后，你会产生什么样的感觉？这个技能是一种得到反复验证的、真实有效的方法，它可以帮助你退后一步，将思绪从头脑里混乱的想法中抽离出来。研究表明，以这种方式思考会降低惯性思维的黏性并唤起调节相关情绪的能力（马苏达等，2009）。毕竟，这些想法只是一堆声音，而我们却根据过去的经验给它们赋予了内涵。

　　我们大声表达的方式也会让我们陷入混乱的想法中。比如，"我真是个 ＿＿＿＿。"或者"这太 ＿＿＿＿ 了。"我们说话的方式会让我们感觉自己的想法是事实。所以把我们的想法当作想法而不是事实，是生活中一个非常简单的抽离策略（海斯和史密斯，2005）。

练习时间：从想法中抽离的说话方式

　　从你的仪表板表格中选择一个想法。就这个想法说一两句话。注意自己说出想法时产生的感受。暂停一下。在表达想法之前，先说，"我注意到我有这个想法……"注意自己用这种方式表达时产生的感受。

你能感觉到，在谈论自己的想法（和自己的情绪）的时候加上这个前缀可以帮助你理清一些思路吗？这种说出自己想法的技能在与他人进行不那么令人愉悦的对话时也很有帮助。当你强调自己的想法仅仅只是一个想法，就可以避免将自己与对方对立起来，也避免让自己产生攻击性。

通过咒语定下心来

咒语指的是重复的任何一组单词或声音。虽然使用咒语的方法源于佛教的各种哲学，但咒语并不局限于宗教范畴（除非你觉得宗教对你有用）。咒语作为一种工具，可以用来帮助你集中精神，并让你专注于带来不适感的当下时刻。在超验冥想练习中，使用这样的一个词或短语来集中精神，是一种重要的工具，对于那些经历过严重焦虑症状的人来说，这一方法尤其有效（奥姆·约翰逊和巴恩斯，2014）。

所以当你感到被触发或激怒的情况特别严重时，这一"封闭专注"的工具也可以作为你的一个立足点，让你同能够为正念练习建立"开放专注"。咒语有两个功能。第一，当不起作用的、情绪驱动的想法正在对你产生影响时，咒语能够将你的思想锚定在当下这个时刻。第二，它会让你意识到，自己的意图是关怀和熟练应对你的情绪，而不是面对情况产生反应。在上一章中，你练习了利用"主动之手"让身体跨越"主动之窗"，而下一步是让你的思想与身体一致，产生主动性。

练习时间：主动咒语

你可以单独练习这个咒语，也可以将它添加到"主动之手"练习中。

1. 为你这一刻的体验下一个情感定义。

2. 在你心里或直接大声说："在这一刻，我愿意主动产生_____的想法和感受。"

3. 以一种不加评判的态度重复这句咒语 3~5 次，允许情绪的出现并注意你这么做时的感受。

练习时间：主动接受咒语

另一个帮助你在情绪风暴中定下心来的咒语是主动接受咒语（莱恩汉，1993），我们在第 5 章中已经介绍过。与你选择的所有咒语一样，你可以在日常生活中与"主动之手"一起使用它，或在正式的练习中帮助自己集中注意力、沉下心来。

1. 吸气时，对自己说："我在有意识地吸气。"

2. 注意你身在何处，你周围的所见所闻，以及任何对你产生影响的想法和感觉。

3. 呼气时，说："我保持接受心态并呼气……"你正在接受一切事物的本来面目，就在此时此刻。

4. 重复 3~5 次。

你是否注意到在这些短时间练习后自己的感觉有了什么不同？这些正念练习的好处在于，它们可以帮助你建立核心的正念技能，重新引导你的注意力，让你接受当下时刻。当你长大成人，需要应对成年带来的压力时，这些简短的练习是很好的选择。现在，让我们用一些更复杂的练习来逐步提高你的意识引导技巧。

正式练习从思维旅程中后退一步

正式的冥想练习可以增强你从自己想法中抽离的能力，让你能够从外部观看你的大脑运转。冥想为你提供了一个安全的空间，你可以反复练习不加评判的观察和重新专注于当下时刻。虽然一开始会很难，但研究表明，冥想只需要三次短暂的练习和几周的情绪调整（温内贝克等，2017）就可以改善心智游移（拉尔等，2017）。

正念冥想最酷的一点是，它成了一种投射测试，你可以通过这一测试发现你的思想内容如何投射到情境中的事实。在投射测试中，心理学家要求被评估者根据卡片上的图画或墨迹讲故事。而从他们讲的故事中，治疗师可以推断出这个人正在经历什么、把什么信息投射到了卡片上。因为那毕竟只是卡片上的一摊墨水！这就是我们在你的正念练习中需要强调的。当你投入练习的时候，你心里想的是什么，又把什么投射到了事实上？

与想法共处

后文中简短的正式练习就像在锻炼你的正念肌肉，这样你就可以培养从自己的思维旅程中后退一步的技能。就算你能感受到自己想逃避的倾向，我也强烈建议你至少尝试一下以下这些练习，这样你就能与你的观察者部分建立起内在联系，让你可以以旁观者的身份观察你的思考过程，而不会把想法当作事实。

练习时间：呼吸、身体、声音冥想

这个在第 4 章中介绍过的冥想是一个有效的常规练习，可以成为你的日常生活的一种习惯。在这个冥想中，你会练习以一种有规律的方式转移你的注意力。这一练习将引导你把注意力保持在呼吸和身体带来的生理感觉上，然后扩大你的注意力来增加你对声音的感知。

记住，大脑能够进行时间旅行，但身体不能。这个练习将帮助你专注于自己的身体感受，让你进入观察者角度，让你的注意力重新集中于当下时刻。通过专注于自己的呼吸和身体，你将构建一条神经通道，让你走出思维习惯的旋涡，回到观察者的位置。增加对声音的感知有助于提升自我意识和对情况（身心之车内部发生的事与车外发生的事）的认知。这项练习将有助于我们真切地体会到一种身心的平衡，并能让你在生活中需要的时候重新找回这种感觉。

练习时间：水上的沙球

这一视觉化想象练习将引导你在脑海中营造一个平和的画面，同时在画面建立和消失的过程中观察自己的思考过程。你需要观察和定义每一个出现的想法。每当一种想法、画面、记忆、评判或担忧出现时，你需要练习将其想象成一个沙球，想象自己轻轻地把它放进海里。这一练习将有助于你观察自己的思想，而不是通过自己的思想观察。把思想看作是一种思维活动，而不是当下时刻的事实。每次你释放一个沙球，你都在练习放手。

练习时间：倾听想法的秘密

我在接受客户咨询的过程中开发了这个练习，当时，这个客户正经历着形式最强烈的思绪混乱——幻觉。他还没有服用药物，所以他会听到各种声音，而这些声音会告诉他各种可怕的事情。我问他："这些声音在说什么？听一听吧。"当他停下来，安静地倾听他的想法，而不是不断产生想法时，他睁大眼睛转向我："声音停下来了！"

当你陷入头脑中的一场辩论中时，你的想法也在加速产生，这项技能可以帮助你放慢速度，给你创造出一个自我矫正的空间。在这个练习中，你会积极地从产生想法（我们通常的思维模式）转变为倾听你的想法，仿佛它们在告诉你一个重要的秘密。

思维扭曲：极端的乘客

读到这里，你应该已经知道，人类的大脑很容易扭曲当下时刻的信息。在传统的 CBT 中，已经发现了一些"认知扭曲"，这可能会导致情绪的放大。我们都容易犯这些思维错误。你会产生这种想法也是正常的，只是它们根本无益于对实际情况做出客观的反应。表格 7.1 中包含了这种类型的思维扭曲。当你的想法对当前事实的评估不够准确时，学会识别这些思维扭曲会非常有帮助。学习它们、了解它们并检查它们的准确性！

表 7.1　常见的思维扭曲

思维扭曲与内容	典型思维
非黑即白的思维：极端的解释，比如"总是""从不""完全"	我永远无法……！ 他总是这样！
责怪（一种评判性思维）：让别人负责，找碴	这不行！ 这不公平！ 是他们逼我的！
灾难型思维：假设事件的绝对最坏结果	这将是 / 曾是一场灾难！
情感推理：把想法误认为事实	如果我能感受到这种感觉，那它一定是真实存在的
"读心术"：根据他人的行为对他人的想法进行假设	他无视 / 不尊重我！ 她认为我很蠢
最小化或放大：忽视事实或过分依赖于以往的经验	是的，但是…… 这不重要 就这一次 那不算数

（续表）

思维扭曲与内容	典型思维
以偏概全与时间旅行：从过去或将来的事件中概括现在的事实	如果这种事以前发生过，那么它还会再次发生 如果这件事现在发生了，那么它将永远不会消失
责难自己：认为自己是某个外部事件的原因	我因为……受到惩罚 为什么这件事会发生到我身上

暂1停。 哪种类型的思维扭曲最常出现在你的仪表板上？在你完成的每个仪表板上，写下最符合你的思维扭曲。稍后，你会在你的正念掌握练习计划中再次回顾这些内容。

你遗漏了什么？检查事实

综合来看，思维扭曲的本质往往是极端的：他们把你拉入了一个非黑即白的空间，并煽动你的情绪。一旦你意识到了这种思维扭曲，你的大脑就会朝着更平衡的方向发展。一个好的起始点是询问自己：这个想法百分之百是真的吗？我能够为当下事实做出稍微不那么极端，但同时也是真实的解释吗？

练习时间：找出思维扭曲

检查你的仪表板，找出思维扭曲。在表格上标注出来。接下来，问一问自己："我的想法是百分之百真实的吗？"如果答案是否定的，请写下更真实的想法。

"当然！"你可能会说，"我想让自己的想法更客观。"啊，要是真的这么容易的话，人类就不会陷入分歧和误解的泥潭了！面对事实，我们的大脑会告诉我们一些东西，而为了克服其影响，我们常常会费尽心思问自己："我们遗漏了什么？"如果上文中的问题的答案不能让你达到目的，那么你是时候更深入地挖掘和检查事实了！

练习时间：检查事实

选择一个你从仪表板上发现的、仍然在困扰你的思维扭曲。在你的笔记本中，写下事实和你的想法，并练习以下步骤，这些步骤受到了格林伯格和帕德斯基（1995）的启发。

第一步：找到触发想法。回顾一下你对事实的想法和解释。找出一个与你对事实产生强烈反应时的具体想法并圈出来。

第二步：找出想法背后的"乘客"。我们的想法和解释为什么会触发情绪，其原因通常不是很清晰，所以你可能想忽略或者最小化你的反应。在你这么做之前，让我们先深入了解一下哪些潜在的信念触发了你。为了做到这一点，你需要问自己以下问题，并把答案写在笔记本上。

如果这个想法是真实的，它对我来说意味着什么：

· 另一个人、情况，或者整个世界？

· 我的生活境况？

· 我在世界上的价值?

当你回顾这些问题的答案时, 你是否感觉到了与该事件相关的情绪所产生的影响。如果你感觉冲动、紧张, 甚至想哭泣, 那么你很可能找到了关键的乘客!

第三步: 确认事实。接下来, 花点时间进行自我确认。在你的笔记本中列出你生活中支持你的想法或潜在信念的所有证据。你可能会选择利用你的确认声明来正确面对令你痛苦的情绪, 这种想法令人感觉十分真实, 其背后可能存在过往的原因, 而当你试图确认这些原因时, 令你痛苦的情绪就会出现。

第四步: 检查事实。现在到了最困难的一步。你需要超越你的思维, 去寻找任何与之相反的证据。问一问自己: 你遗漏了什么? 其他从外部观察情况的人可能会看到什么? 这通常很难做到。我们的大脑会本能地寻找证据来支持我们自己的信念, 但同时总是存在一些与我们所相信的东西相反的证据。在你的笔记本里, 列出不支持你想法的所有可能的证据, 哪怕只有一点可能。

第五步: 找到平衡。在你完成最后一个任务后, 比较一下这两列。总结两边的证据并进行简要的概括。运用第6章中的"没有但是"技能。写下第一个总结, 然后再写下第二个总结。从这些总结中, 找出两者的同时性和平衡点。

在一开始, 这项关键思维技能通常是具有挑战性的。还记得我们人类有多喜欢自己想法的"确定性"吗? 像这样问一问自己是什么让你走出"确定性", 并帮助你对其他观点和创造性的问题解决方案保持开放态度。

练习不确定想法的技巧。你的头脑中可能会出现想法，其中最令人痛苦的一些是疑问和怀疑："我有什么问题？""他为什么一直这么做？""我不知道自己能不能做到！"但你的反应实际上是对问题的陈述，或者是"我不知道"思维模式背后的一个潜在假设。如果你的仪表板上出现了相关问题和想法，你需要把问题变成陈述。例如，把"我有什么问题"改成"我有点问题"；把"我不知道自己能不能做到"改成"我不能做到"，然后根据这些想法去检查事实。最后，问出"为什么"问题实际上揭示了一种潜在的评判倾向。当事情以"正确"的方式发展时，你不会产生疑问，对吧？所以当你问为什么的时候，你需要看看自己潜在的评判内容是什么。

将技能应用于评判倾向： 同情心

在结束关于思维技能的章节之前，让我们考虑一下如何处理评判性思维。当我们进行评判时，我们没有从根本上接受当前的情况——无论是身心之车内部的情况还是外部的情况。研究发现，作为一种意识的基本部分，不加评判的思维倾向，即同情心可以在一定程度上防止抑郁、缓解与焦虑和压力相关的症状（卡什和惠廷厄姆，2010）。因此，对抗评判性思维是一种值得实践的做法。

练习时间：换位思考

　　回顾你的仪表板，或者反思一下最近让你生气或恼火的一次人际交往，找出自己的评判性想法。再次重复上述步骤。这一次，寻找一个更友善、更富有同情心的解释。从另一个人的角度来看，为什么他或她会选择去做冒犯到你的事情？有可能是因为那个人那天正好心情不佳吗？有可能是他或她获得的不同信息或过去的经历导致了反常的行为吗？在找到更富有同情心的解释之前做一次心理快照，之后再做一次。

　　如果你真的做出努力，想象出一个不那么充满评判、更富有同情心的理由，来解释对方的行为方式或特质（或者解释当时的情况），你很可能会注意到自己身体里的紧张感在消退，恼怒感在减少。所以对他人有同情心，就像你所有的技能一样，根本不是为其他人准备的，而是为你准备的！在本章中，你学习了有效管理ETA系统和维护其灵活性的第二步：如何检查你的想法。在你确认了你的情绪、检查了你的想法之后，下一步技巧是告诉你如何在获得主动权时控制你的行为。

第

8

章

∨∨∨

控制你的行为：改变的技能

阿甘：丹中尉！你在这里干什么？

丹中尉：我来试试自己会不会晕船。

阿甘：但是丹中尉，你没有腿……

丹中尉：是的……是的，我知道。

——来自电影《阿甘正传》

电影《阿甘正传》中，阿甘几年前曾邀请他的战友、越南老兵丹中尉登上他的捕虾船，担任大副一职。几年之后，丹中尉又突然出现了！在1994年的电影中，阿甘是一个富有同情心、关心他人的年轻人，虽然他有智力缺陷，但无论走到哪里，他都努力突破这种限制，最终取得了成功。在亚拉巴马州南部的一个阳光明媚的日子里，当他坐在破旧的渔船上沿着海岸航行时，他看到了一位坐在轮椅上的老朋友在码头上等着他。

我们可以看到，阿甘的脸在看到老朋友时马上浮现出了兴奋和喜悦的神情。他的身体开始紧绷、肩膀耸起，他向着自己心爱的朋友挥手致意，几乎控制不住自己激动的情绪！事实上，他没能控制自己的激动：触发情绪引起的行为冲动蔓延至他的全身。他跑向他的朋友，径直跳下了船，掉进了水里。由于阿甘的身心被重新与老友团聚的激动所占据，当船撞上邻近的码头时，没有人在驾驶着船。

虽然被情绪主导的我们往往不会迎来这么喜人的结局，但我们大多数人都能回忆起自己类似电影中阿甘的反应。回想一下，你是否有过这样的经历：情绪突然出现，并以极高的强度占据了你的全部身心，导致你失去了对自己身心之车的控制？这一章我们将讨论如何通过行动——我们唯一可以控制的因素来重新获得控制权！

情绪—行为的联系

当然，当我们陷入类似电影中阿甘的境况，被情绪所主导时，我们可能会感觉自己的行为不受控制。情绪对我们产生的强烈的、生理性的影响确实使自我控制变得更加困难。每一种情绪都会启动我们身心之车上的一种自动驾驶仪，让我们产生一种本能的行为反应。悲伤和羞耻驱使我们退缩和躲藏；恐惧和焦虑告诉我们要逃跑、逃避；愤怒驱使我们为正义而战。如果这些情绪是因境况中的事实而合理产生的，那么相关的行为倾向往往是有效的。如果一天晚上，你独自走在一条黑暗的小巷里，看到一个人拿着武器躲在暗处，那么逃跑是一个非常好的选择！

　　然而，如果①你的情绪不是因境况中的事实而合理产生的；②你的情绪是合理的，但你需要进行自我调节才能更有效地达到目标的话。本章将介绍能够帮助你进行自我调节的技巧。你的行为是你最有力的盟友，能够保持你心理的健康，过上理想的生活。所以让我们学习通过你的行为来进行自我调节吧！

行为的力量

　　移动你的手臂，做出举重的姿势。当你这样做的时候，不仅仅是你的大脑在向你的手臂发送信息。你的手臂也在向你的大脑发送信息。你的动作越频繁，两者之间的联系就越紧密。这就是所谓的神经可塑性，在你的一生中，这种能力使你不断地根据你的行为建立并发展出新的联系。因此，当你学习新事物时，你的大脑会不断地产生变化。

　　本章练习的目的在于帮助你在情绪低落的时候建立行为和大脑之间的联系，加大自我调节力度；而当你感到恼怒、焦虑或者过于紧张而无法正常工作、生活时，降低自我调剂的力度。本章介绍的技巧旨在帮助你在情绪高涨时对自己的行为产生一种控制，并通过自我关怀提高你的情绪承受力。

你能做到：当你现在就需要的时候！

有时候，你只需要在保持境况不会恶化的情况下成功熬过一段时间。当你的情绪被触发，感到自己即将陷入类似电影中阿甘的境况——被情绪主导时，你可以做一些事情来打破你的 ETA 旋涡、削弱情绪—行为的联系，以增加自己的痛苦容忍度。痛苦容忍度指的是你拥有承受困难情绪的能力。下面的技巧将帮助你降低情绪强度，让你回到自我调节的正轨上来。和所有的技能一样，你需要在自己真正需要它们之前先练习起来，这样你就能清楚地知道该怎么做了。记住，当你的压力很大，情绪变得强烈时，你不会想到应用你的技能！所以你最好记得提前练习。

让你保持冷静的速效药

当乘客劫持我们的思想和身体时，我们会完全陷入心理—生理反应的影响。我们的呼吸变浅，我们会出汗，肌肉变得紧张，我们无法清晰地思考，我们的自动驾驶仪全面启动！所以有时候，我们需要一种短期见效的技能来冷静一段时间，以免因为冲动而使事情变得更糟。

减少这种反应的一个方法是利用我们的身体感受来改变向我们的大脑发送的信息。以下技能借鉴自 DBT，这是一种基于正念的、治疗严重情绪失调的方法。这些技能将帮助你进入你的身体机制，这样你就能重新获得自我控制的感觉。通过练习，它们可以帮助你减少情绪恐惧症，这种恐惧症会让你沉迷于那些让你陷入困境的情绪习惯！

练习时间：学会用冰块

快速改变你的体温可以帮助你克服情绪受到触发后产生的生理反应。在我教客户们使用这项技能后，他们大多数都对我反馈道："哇，这个方法真的很管用！"

从冰箱里拿些冰块（或一袋冷冻食品），放在塑料袋里。把塑料袋放在你的额头上。接下来，屏住呼吸30秒，全神贯注地感受冰块。

通过这个练习，你会激活你身体的潜水反应，即你的大脑会认为你在水下。你的身体会将血液输送给大脑，减慢你的心率（授库拉纳等，1980）。当你的身体认为自己处在水下时，你就不会过于在意你的情绪！如果下次再惊慌失措或失去控制时，你可以在采取任何行动之前先做一下这个练习。

练习时间：缓慢而富有节奏地呼吸

你的身心之车像所有的交通工具一样，都配有加速器和刹车系统。在你的中枢神经系统中，有一个交感神经系统作为加速器。当你需要移动以躲避威胁时，它就会被激活。你的呼吸会变得短、浅（空气只进入胸部，而不进入腹部）且急促。你的刹车系统被称为"副交感神经系统"，当威胁过去时，这个系统就会启动。该系统也被称为神经系统的"休息和消化"模式，会让你在压力过去之后如释重负般发出一声缓慢的叹息。同样地，这个系统也是双向的，所以你可以通过积极地调整自己的呼吸节奏来调节系统。

注意你以这种方式呼吸后会产生怎样的感觉。这种缓慢的腹式呼吸会调节你的刹车系统，让你的大脑知道你是安全的。我建议你在一天中多次练习这一技能，无论是在车里、会议中，还是在闲逛的时候。你练习这种放松呼吸的次数越频繁，你在下次感到情绪被触发时就能越熟练地应用这种技巧。

练习建议。你可以将时间调整为3秒和5秒，或6秒和8秒。关键是要确保呼气时间比吸气时间更长。你也可以将这一练习与第6章中的"主动之手"练习相结合，在接受情绪与改善自身情绪反应性之间找到平衡。

练习时间：紧握并放手

还有一个很好的方法能够帮助你摆脱情绪导致的强烈反应，那就是识别出紧张情绪什么时候会对你的身体产生影响。请记住，在你的大脑开始注意到不安情绪之前，你的身体往往就已经向你发送过信息了。这项技能将帮助你意识到自己什么时候会紧握着情绪不放，并练习放手。

你需要积极练习收紧与情绪相关的每个肌肉群（如下所列），然后让它们软化。为了达到练习目的，你需要尽你所能地收紧每一个肌肉群。然后，当你放松的时候，你需要在心里慢慢地说："放手（保持紧张大约 10 秒钟，然后放手）。"你需要花点时间观察你每次练习时是否会产生不同的感觉。

· 耸起肩膀，让肩膀贴近耳朵，仿佛自己压力很大的样子，然后放松。

· 握紧拳头，收紧前臂，然后放松。

· 皱起眉头，仿佛自己在生气，然后放松。

· 咬紧牙关，舌头紧紧抵住上颚，然后放松。

· 伸展双腿，收紧大腿、臀部和腹部的肌肉，然后放松。

你能感觉收紧肌肉和放松的区别吗？放松的感觉好多了，不是吗？与所有的练习一样，熟能生巧。如果你因情绪或焦虑导致的身体症状而痛苦不已，请继续练习！这项技能将让你注意到 ETA 系统出现的紧张情绪，并帮助你控制你的行为。

练习时间：微笑是情绪的调节剂

情绪也与我们的面部表情紧密相连。我们可以很容易识别快乐、悲伤、恐惧、愤怒和厌恶的表情。不需要有人教我们这种识别技巧。但当我们感到不安的时候，我们可能会通过控制表情来试图掩饰自己的情绪。这有效吗？我们一起来看看吧。

你有没有注意到，试图掩饰自己的情绪和让嘴角上扬，两者带来的感觉有多不同？也许你注意到，后者会让你产生一种放松感，或者是情绪的轻微好转。科学研究也同样验证了这一点（德拉夫特和普雷斯曼，2012）。我想说的是，不要在你的脸上贴上假微笑，尤其是在你的情绪是合理产生的情况下。你只是需要确认情绪产生的原因。而有的时候，当情绪出现时，你会处于一个非常不适合探索自身情绪的情况下。这个工具是专门为这种情况服务的。我把这项技能称为"情绪调节剂"，因为它能让你暂时走出困境。

暂停。 你练习的情况怎么样？你觉得这些技能有用吗？不同的人对不同的练习有不同的反应。一定要记下最适合你的技能。

反向行为：无情绪驾驶！

你已经掌握了一些技巧，能够帮助你度过一个让你倍感压力的时刻，现在，我们要把关注转向那些能够建立越来越长时间情绪平衡的技能。逐步走向调整你的 ETA 系统，意味着你需要采取更多的行为来克服那些让你陷入困境的自动驾驶行为习惯。

回顾一下你一直在收集的仪表板表格（你是在收集它们吧！不是吗？），其中最经常出现的情绪是什么？你有注意到任何特定的行为回避反应吗？对抗无益的情绪意味着你需要采取相应行动，让 ETA 系统中的箭头朝向相反的方向。选择一种（或两种）你想改善的情绪，并准备好战胜它们！

这种情绪合理吗？

行动，还是不行动

采取与你的情绪相反的行为可能会让人觉得很不解。但请记住，情绪的目的是传达有关自身需要的重要信息。尤其是当情绪更强烈的时候，你会觉得做出与之相悖的行为是完全有违常理的、不真诚的，甚至是富有操纵性的。所以在应用这种技巧之前，你要弄清楚你产生的情绪是否真的是合理的，然后找出最有效的最佳行动方案。

用反向行为把一切联系在一起

让我们把你所学到所有的技巧联系起来。下文中的信息图将指导你整合情感的确认技能、想法的检查技能以及行动的改变技能（如图 8.1）。这是调整你的 ETA 系统的解药！不管你正在经历什么样的情绪，健康情绪调节的方法总是一样的！确认、检查、改变。确认、检查、改变。为了帮助你记住情绪自我关怀的基本配方，让我们来做一个快速的练习。

暂停。把手放在胸前，说"确认"。把你的指尖放在你的太阳穴上，说"检查"。用食指像手枪一样向前指，说"改变"。我称之为"正念玛卡瑞娜"。我知道这很傻，但是这些动作至少能帮助你记住这些基本步骤。

图 8.1　情感信息指导

　　无论你的情绪是不是根据事实合理产生的，它们都有存在的原因。请记住，定义和接受情绪都是情绪调节的重要部分（科索等，2018；托尔和利伯曼，2018）。所以请你选择从某一个"确认"技能开始（来自第 6 章），放慢速度、定义情绪，并对你的情绪进行自我同情。在你能够正确面对情绪之后，你就可以进入观察模式了。把你的想法看作想法本身，而不是事实。运用你的技能（来自第 7 章），随时关注你的情绪，确保其不受任何思维习惯的影响并检查事实："你的情绪是根据事实而合理产生的吗？"如果不是，那就采取相反的行为！如果你的情绪是合理的，那么你也可能需要采取一段时间的反向行为，直到你发现哪些行为是与你价值一致的、能够有效地满足你需要的。

与你一直在学习的其他技能不同，这不是一个我们可以在此时此刻能即时练习的技能（除非你现在就感觉到了一种强烈的情绪。如果你现在的确有这种感觉，你可以行动起来，马上练习反向行为，之后再回来阅读）。但在大多数情况下，你必须和自己进行约定，安排一个反向行为的计划。在表 8.1 中，你会发现最常见的情绪和它们的自然行为倾向。第三栏列举了与自然行为倾向相反的行为。找到最适合你的情绪词分类，并在接下来的一周里，每当情绪被触发或被困在情绪中时采取一个或多个反向行为。

表 8.1　情绪及其行为倾向

情绪	行为冲动	反向行为
难过、疏远、失望、沮丧、悲伤	放慢速度、退缩、自闭、躺在床上、皱眉、消沉、哭泣、死气沉沉	活跃起来 做你擅长或喜欢的事情 关注生活中的积极因素 洗个热水澡或冷水澡
恐惧、焦虑、害怕、担忧、不知所措	跑、躲避、僵硬、控制欲强	做你害怕的事 调整 反复调整
愤怒、恼怒、烦恼、暴躁	（身体或语言）攻击、跺脚、摔门或其他东西、大声说话、骂人、批评、抱怨	友善地避开 表现得和蔼可亲 换位思考
讨厌、轻蔑、厌恶、鄙视、憎恶	移开视线、洁癖、厌食、疏远他人、面部表情扭曲	靠近点 学会接受 做与愤怒相反的动作

（续表）

情绪	行为冲动	反向行为
嫉妒、记恨、怨恨	贬低别人、破坏、让别人看起来不好或让自己看起来更好	对自己所拥有的心存感激 避免因嫉妒产生的行为
羞耻、尴尬、屈辱	隐藏、掩盖、低头、过分自责	放过自己：告诉别人（让你有安全感的人）是什么让你感到羞耻 道歉或做出补救（如果你的行为与你的价值相冲突）
内疚、后悔	弥补、解决问题、道歉、请求原谅、过度卑微	做让你感到内疚的事 在别人（让你有安全感的人）面前放过自己
爱、关怀、崇拜、爱慕	关心、培养、保护、亲近、共度时光	避免见到此人和任何能让你想起此人的事物，分散自己的注意力 不要在社交媒体上关注此人

练习时间：下定决心

在接下来的一周里，至少安排一项与让你一直挣扎的情绪相反的活动。完成确认、检查、改变的步骤，然后坚持自己的目标和承诺。请记得为你的目标设置标准（最佳、可接受和及格），这样你就不会让自己陷入只有"及格—不及格"两种情况的境地。之后，一定要在笔记本中记下你的心情。

采取与情绪相反的行为可以立刻改善你的情绪。但更重要的是，这种选择会让你养成一种更富有技巧的习惯，即建立一种不受情绪影响的生活。你正在培养一种生活技能，能够让你有意识地选择自己的生活方向，而不是让乘客来决定你的人生道路走向。

自我关怀：有技巧地冥想、锻炼、禁欲、饮食、睡眠

无论你的情绪调节技能掌握得多好，如果你的身心之车因为生病或缺乏自我关怀而运转迟缓，一切都会变得更艰难！你的生理状况会影响你面对成年挑战时产生的反应，也会影响你身心之车上的乘客。所以，如果你知道自己有心理健康问题的家族史，或了解自己现在或过去的（生理或心理）问题，自我关怀对你来说是非常重要的！这一部分将帮助你主导你的身心之车，使它在成为合格成年人的坎坷道路上尽可能地具有灵活性。

自我关怀对于不同的人意味着不同的东西：它可以是哲学的，也可以是预防性的。花时间与朋友和爱人在一起、保持健康的工作和生活习惯、关注你的精神需求，这些都是你能进行自我关怀的基本要求。接下来，我们将探讨为什么生理健康对于进行自我关怀很重要。为什么健康的行为习惯会对缓解压力、调节情绪和提升幸福感产生深远影响。

当我们压力过大时，我们很容易，几乎是立马就会陷入不良的健康习惯和情绪低落中（博德曼和亚历山大，2011；莫洛捷克和阿尔梅达，2004）。压力—自我关怀的循环是自动运行的。在大学生和抑郁症患者中，日常压力的产生通常与不良的健康习惯有关（道尔顿，2017）。我们都曾有过这一阶段：压力荷尔蒙使我们更加渴望并摄取更多的咸和甜的食物，我们的酒精摄入量更多而睡眠和锻

炼的时间更少。在我们意识到之前，我们的情绪在螺旋式上升，而我们几乎无法控制自己的情绪！

这背后的科学逻辑是很清楚的：我们如何关怀自己的身体以及我们对身体健康的投入，能够有效影响压力与我们的情绪状态和幸福感之间的联系。好消息是，我们可以做很多事情来改善我们的情绪，并提高压力的心理—生理适应能力。下文简要介绍了一些最有效的保持健康的行为以及它们如何支持或破坏 ETA 系统的灵活性。下定决心并坚持健康的习惯是很困难的，但是以下这五个用于自我关怀的技巧能够对你的心理（身体）健康产生长久有益的影响。

冥想

在当今这个眼花缭乱、令人难以集中注意力的世界里，我们越来越需要一些有意识的"断电"来锻炼我们的思维。短暂的正念练习能够使我们产生较少的情绪反应，让我们更主动地去做令人情绪不佳的事（阿奇和克拉斯克，2006；埃里斯曼和罗玫，2010；坎贝尔－西尔斯等，2006）。也有大量研究发现，持续的冥想练习可以改善大脑中与注意力、内省和情绪处理相关的区域（哈查德等，2017）。在选择你喜欢的冥想练习时，你需要考虑你正在努力克服的情绪的强烈程度和类型。关于正念冥想对心理健康的有益影响，最有力的证据出现在抑郁症、疼痛和吸烟成瘾的研究领域（戈德伯格等，2018）。但对于严重焦虑或明显情绪失调的症状，使用第 7 章中的咒语技能或第 8 章中"缓慢而富有节奏地呼吸"技能，也许能够帮助你最有效地沉下心来（奥姆·约翰逊和巴恩斯，2014；梅内塞斯和比扎罗，2015）。

锻炼

是的，我们都知道我们需要锻炼。嘿，我能明白！如果你已经感觉很糟糕，你真的很难再去锻炼。尽管如此，作为一种解压的方式，锻炼确实能提高激活压力反应所需的阈值（威如，2004；特劳斯塔多提、博施和马特，2005）。这意味着，当你做有氧运动时，你的身心之车就能承受更多的压力，所以你可以继续处理你需要做的事情。运动可以缓解焦虑（斯通洛克等，2015）以及抑郁症状（巴博、伊登菲尔德和布卢门撒尔，2007）。研究发现锻炼可以减少炎症（克哈特等，2005）、增加内啡肽水平（艾伦，2000）并提高前文提到过的神经可塑性（格里森等，2011；恩内斯特等，2006），从而对大脑产生类似于抗抑郁药的效果（阿德拉德和科特曼，2004；罗素 - 诺伊斯塔特等，2001）。

既然你选择阅读这本书，那么我猜你还没有步入老年。如果你的身体状况不佳，有研究表示，在街区附近遛狗也是一个对抗抑郁症的好办法。但如果你想获得锻炼带来的好处，你就得真正的动起来，让自己出点汗！在跑步机或自行车上运动 20~30 分钟，每周 3~5

次，争取达到个人最大运动量的70%。研究发现，坚持这种类型的锻炼3~5周，可以有效减少焦虑和抑郁（邓恩，特里维迪和奥尼尔，2001；邓恩等，2005）。作为一种动态冥想，瑜伽也是一个很好的选择，它可以将你的锻炼与正念练习相结合。研究发现，瑜伽可以改善各种压力和情绪引起的症状（帕斯科和鲍尔，2015）。

禁欲（禁药物和酒精）

药物和酒精会使你的情绪调节困难得多。如果你产生了焦虑症状或情绪障碍，你患上药物依赖症的可能性会是其他人的两倍（康威等，2006），同样，如果你滥用药物和酒精，你患上情绪障碍或焦虑症的可能性也会是其他人的两倍（科韦罗、布雷迪和松恩，2005）。如果你已经难以调节自己的身心之车，那么请格外关注你的药物和酒精摄入量。根据美国卫生和公共服务部的数据显示，正常饮酒量是指女性每天摄入一杯，男性每天两杯［一杯指的是一杯5盎司（1盎司=28.35g）的葡萄酒，12盎司的啤酒，或1.5盎司的烈性酒］。对于女性来说，一天摄入3杯或者每周摄入7杯以上就会被认定为是"饮酒过量"或"有风险"，而男性则是一天摄入4杯或者每周摄入14杯（2015）。

饮食

如果你注意到你的焦虑或抑郁症让你同时感到"亢奋和疲惫"，让你的思维变得模糊，或者让你精疲力竭。请注意！这一节对你来说很重要。关于我们"第二大脑"（肠道微生物群、细菌、真菌和病毒的群落）的科学研究，揭示了我们的饮食在增强身心之车承受力方面的重要性。

我们的肠道存在 60% 的多巴胺（引起快乐的化学物质）和 90% 的血清素（产生满足感的化学物质）（梅耶等，2014）。不幸的是，我们现代的饮食习惯让我们偏爱含糖量过高的加工食物（以及过量使用类固醇和抗生素药物），而这会导致微生物群失衡并对我们肠道有效吸收营养的能力造成严重破坏（梅耶，2016）。研究人员发现，"有越来越多的证据表明肠道微生物群会提高我们罹患精神疾病的风险，特别是抑郁和焦虑"（刘，2017）。好消息是，一些饮食上的改变可能会有所帮助。这一部分并不全面，但有一些建议可以让你重新平衡你肠道中的细菌，这样你就可以保证营养物质真正输送到了你的大脑之中！

减少食用蔗糖和加工食品。我们最喜欢的垃圾食品可能会让我们的精神暂时为之一振，但它们也会增加压力荷尔蒙——皮质醇（迪尼古兰托尼奥等，2017），这会造成细胞死亡和抑郁（萨波尔斯基，2003）。糖会导致人体内念珠菌（一种酵母）过量（韩、坎农和维拉斯 - 博阿斯，2011），研究认为这是慢性疲劳综合征的背后的因素之一

（卡特，1995）。如果你一直渴望甜食，感到精疲力尽、思绪不清（即使在充分休息之后），或是经常感染，你可能要咨询医生有关你体内念珠菌的问题。检查一下你的舌头有没有白色舌苔。指甲真菌或奇怪的皮疹也可能意味着念珠菌过量。肠道中的念珠菌会导致肠道内壁的通透性加强，引起食物过敏并使大脑难以吸收所需的营养物质（梅耶，2016）。

补充碳水化合物。当你处于压力之中时，富含复合碳水化合物的饮食（包括黑面包、燕麦片和全谷类食品）可以促进你的恢复。一项有趣的研究发现：饮食结构中蛋白质含量高、碳水化合物含量低的人在压力测试中表现更差。而在更换为高复合碳水化合物和低蛋白质的饮食结构后，他们表现出了较好的应激反应和较低的抑郁情绪（马库斯等，2000）。所以，如果你注意到你对压力反应强烈（也没有谷蛋白不耐症），复合碳水化合物可能会对你有帮助。

别忘了多吃蔬菜！蔬菜会增加你体内的纤维含量，这会让你的肠道保持运动，帮助你排出毒素。某些蔬菜对保持肠道健康尤其重要。朝鲜蓟、蒲公英叶、洋葱和大蒜都含有益生元，益生元会促进益生菌的生长，而益生菌对保持体内菌落的平衡至关重要。

摄入富含益生菌的食物。最近，一份有关 10 项研究的分析表明，在那些患有轻度至中度焦虑或抑郁症状的患者中，补充益生菌可有效改善抑郁症状（2018）。酸奶和发酵食品，如酸菜和酸奶，是益生菌的极好来源。

摄入瘦蛋白质。鱼油和其他含有大量 omega-3 脂肪酸的食物有助于在脑细胞周围形成保护层，这一过程被称为"髓鞘形成"（麦克纳马拉和卡尔森，2006）。髓鞘形成就像脑细胞周围的绝缘层，可以提高神经连接的灵敏度。你可以把这看作是减少你大脑中产生的静电！有很多研究表明，omega-3 脂肪酸有助于控制情绪（索等，2009）。煮熟的鸡蛋中就富含优质的 omega-3 脂肪酸和蛋白质。

火鸡也是一个很好的选择，因为它能增加 L- 色氨酸，而 L- 色氨酸是血清素的前体。在压力下，血清素神经元会更加活跃，因此会需要更多的血清素。研究显示，随着受试者的 L- 色氨酸消耗殆尽，抑郁症状也会显著增加（马库斯等，2000）。

睡眠

不规律和不良的睡眠习惯是导致情绪失调和心理问题的重要因素之一。根据对大量研究的回顾，质量差的"睡眠可能会影响识别情绪问题的能力，导致人们无法选择适当的情绪调节策略，并以有效的方式实施该策略"（帕默和艾尔法诺，2017）。因此，采取简单的预防措施来减少由于睡眠质量差而造成的情绪失调是很重要的。下定决心在一段时间保证高质量的睡眠。睡觉前把灯调暗，在入睡的 30 分钟前就上床睡觉。减少咖啡因摄入，并且让你的睡眠时间尽可能达到 7~8 个小时。

若疾病使平复情绪和保持动力更加困难

不难想象，身体疾病会使自我关怀变得更加重要，同时也更具挑战性。例如慢性疼痛、2型糖尿病、多囊卵巢综合征、自身免疫性疾病和过敏性肠综合征等疾病极有可能导致更严峻的精神健康问题（布兰德，2017）。与之相关的情绪和焦虑症状甚至会让患者频繁地做客心理治疗室。你可以采取一些额外的方法来确保你对你的身心健康有一个全面的了解。

如果你注意到自己产生了许多与情绪和焦虑相关的身体症状，你不妨试试咨询专业的心理医生，帮助你制定并实现一些自我关怀的目标。然而，要找到经过良好训练的综合型专家是很困难的，因为精神病学、营养和健康领域三者之间还是存在一定的区别。在上述症状和心理健康之间有很多重叠，所以你可能会发现自己只是在不同领域的医生之间辗转，却没有得到任何有效的答案！

我建议你去找一个功能医学医生。因为他会把你的身心作为一个完整的系统来测试和治疗，而不仅仅是个别的部分和症状。这本书一直在寻找情绪波动和缺乏动力的心理学根源，同样地，一位功能医学医生也会为你产生的身体症状做同样的事情。这些综合性医师都是通过检测肠道微生物群、食物过敏和基因变异来寻找根本原因，而这往往不是传统西方医师关注的领域。克利夫兰诊所功能医学中心的医学主任马克·海曼说，"功能医学是传统医学的未来"（海曼，2009）。所以你可以找一个功能性的医师帮助你设计一个系统化、个性化的自我关怀计划。

　　如果对你而言，自我关怀属于你之前识别出的价值之一，我希望这篇关于预防性自我关怀的介绍会对你有所帮助。如果你想深入了解如何促进身心的健康，请阅读弗兰克·利普曼博士的书《如何获得良好的状态：幸福健康生活的 6 个关键》（2018）。归根结底，就像我们必须维护我们生命中所有珍惜的东西一样，维护你的身心之车取决于你自己。关怀你的身心之车，它会带你走得更远，让你产生更舒适的乘坐体验！

　　这一章是关于如何改变你的行为以影响你的情绪和动力。请记住，要想掌握全部的技能，你需要倾听并确认你的情绪（和生理），退后一步，检查你的想法，然后改变你的行为或反应！本书的这一部分可以用来帮助你练习和保持自己对 ETA 系统的调节能力。下一步你将学会在与他人的相处中运用你的技能，并制订你自己的正念掌握练习计划。

CHAPTER

第四部分

**成功的自我：
学会与他人并肩而行**

第

9

章

∨∨

与其他驾驶员在同一条道路上行驶

如果你因为得不到自己想要的东西而沮丧，请停一下：
你真的有直截了当地说出自己的需求吗？如果答案是否定
的，请停止抱怨。你不能指望全世界都能读懂你的心思。
你必须直截了当地说出来。

——索菲亚·阿莫鲁索《女孩老板》

成为一个能够调控情绪的大人并不仅限于对你的内在不适使用
调控技能。显而易见的是，触发我们情绪的因素有很大一部分来自
我们与他人的互动。你所学的技能构成了你全部技能的四分之三：
确认你的情绪、检查你的想法、改变你的行为。这些都是你必须做
的事！

而你完整情绪调控技能中剩下的四分之一是学会善于从他人那
里获得你需要的支持。而这最终——我很抱歉这么说——也是你必须

要做的事。当你在外面和其他人打交道的时候，事情会变得更加复杂，因为现在你也必须对他们身心之车上乘客应用你的技能。你如何协调别人由乘客驱动的、不可预知的行为，而同时又满足你自己的需求？在本章中，你将学习如何运用你的技能来做到这一点。这一章是关于如何进行有效的人际交往。

选择让谁承担不适

如果你想获得快乐，想实现那些你想做的、了不起的事，保持良好的人际关系是必不可少的。不幸的是，有时我们很难设置限制，或者很难富有技巧地向别人索要我们需要的东西，从而导致我们的关系逐步被毁掉。健康、可持续的关系需要平衡双方的需求：知道什么时候该提出需求，什么时候该说"不"。保持这种平衡很有挑战性，因为提出需求和说"不"都会令人不舒服。每当我们提出要求或拒绝别人的请求时，就需要我们擅于处理：①一瞬间的不确定性和失望的可能；②当我们提出需求时，我们给对方带来的不适。

想象一下，你坐在我对面，我们同时需要一支放在我们之间的桌子上的钢笔。在这种情况下，一定会产生一个导致另一方承担不适感的决定。如果你让我把笔递给你，你就需要承担结果的不确定性，而这有两种可能的结果：①我会把笔递给你，从而选择自己承担不适感，减轻你的痛苦，赢得你的认可；②我可以说"不"，因此我选择让你感到不适，但必须忍受你的失望。提出要求很难，因为人们总是很脆弱。说"不"也很难，因为说"是"总是会带来回报（例如，微笑或感谢），而说"不"总是会引起不满（例如，皱眉或"哦，真的吗？别这样！"）。

这个关于笔的简单例子在生活中所有大大小小的方面都能得到证实：我们要么把舒适感拉到自己的一边（当我们要求别人倾听并满足我们的需要时），要么为别人提供舒适感（当我们给予我们的注意力、倾听、满足他人的需要时）。不幸的是，大多时候，我们会被困在一种双重束缚中，不知道该选择让谁承担不适感，甚至可能会在某一方面前犯错。当我们过于频繁地选择自己的需要（和舒适感）时，这会导致我们人际关系的紧张。当我们过于频繁地选择关系（对方的舒适感）时，会导致我们产生怨恨并让我们觉得自己的感情正在被这段关系一点点耗尽。

一周又一周，艾米的自动驾驶情感习惯总是把她逼到这种双重困境中。当她鼓足勇气去做某件事时，她会全力以赴，心中只有一个目标："把事情做完！"正如她所说："有时候对这些破事很难有耐心。"在人际关系中，她过于偏袒自己的倾向会导致严重的后果，比如，当她全神贯注于自己的创造力和情感目标时，她忽视了自己的工作职责，于是遭到了解雇。在她的人际关系中，缺乏平衡常常导致争吵和误解，因为她会忽视对方的需要。这些疏忽会让艾米的身心之车出现一个名为"内疚"的乘客，导致她必须时刻不停地努力修复由此造成的伤害和损失。"是的，"她说，"就像我总是抱有歉意"，她表示，自己需要经常弥补这些不太光彩的时刻。

📍 **暂1停。** 你有没有注意到，有时候你会觉得自己在某些关系中总是在倾听和奉献，这让你精疲力竭？而在某些关系中，你可能会占据大部分舒适的位置？

什么是最重要的？

你有没有想过，"我提出这个需求是合理的吗？"或者"我可以说不吗？"艾米会问自己这些问题，但因为太专注于自己的价值和目标，她常常会忽视大局。当你决定是提出需求还是拒绝别人请求时，你必须扪心自问：什么是最重要的？我的需求和价值是我需要优先考虑的，还是把精力放在这段感情上更重要？在表9.1（改编自DBT）中，你将看到你需要考虑的因素，以帮助你做出决定。当你在考虑，是坚持自己的想法，还是后退一步，进入倾听和接受的模式时，表格中每个因素都将会影响你的决定。

表9.1　选择让谁承担不适：需要考虑的因素

你的舒适点： 什么时候提出需求或说"不"	对方的舒适点： 什么时候不提出需求或说"好"
你有更高的权威，或者提出的请求是适合这段关系的	你没有更高的权威，或者提出的请求是不适合这段关系的
在这段关系中，你通常是一个给予者，并且倾向于为自己做事情	在这段关系中，你提出了很多需求或者说了很多次"不"
这段感情是牢固的，充满爱	这段感情是脆弱的
时机是好的（当时对方没有压力）	时机不好（对方有压力）
结果对你的目标和价值很重要	结果对你的目标和价值并不重要

暂停。 想出一个你需要提出的请求或者一个你想拒绝的请求。在上表中，将每一列中符合你与对方关系的因素相加。如果这些因素更多地存在于左边栏，你就越能坚持你的需求。如果这些因素更多地存在于右边栏，你需要向对方的需求倾斜。

在车流中走出自己的道路：优先考虑他人

如果要成为好的朋友、优秀的合作伙伴，甚至是友好的同事，你并不能只是机械地交替选择"做"或"不做"，"提出"或"不提出"需求。牢固的关系是建立在信任和关怀的基础上的。艾米因为没有关注大局，所以在感情上出现了问题。人与人之间的这种联系来自当别人需要你的支持或有不同的观点时你如何回应他们，而不仅仅是你为他们做了多少。当你学会像关怀自己一样关怀他们时，你们之间就会产生信任。现在你已经知道如何巧妙地处理自己的情绪（包括主动、同情和确认），你能明白这也是与他人沟通的最有效的方式吗？

你是否曾经被困在这样一个困难的境地：对方情绪不断升级，而简单的讲道理却无济于事？你可能会试图让对方理解你的观点。但是，当你想尽一切办法扑灭双方之间的不合和翻涌的情感产生的火焰时，你会不会觉得这是一场徒劳斗争！你可能会试着把精力集中在积极的方面，审视利弊、寻求解决问题的方案、阐述你观点的合理性及其正当原因、解释、比较，或任何能够让你获得理解、平息情绪的事情！那么这种做法有效吗？答案可能不那么令人满意······偶尔有效。而问题在于，这种做法为什么不总是有效的？好吧，正如你在前面的章节中了解到的，如果某件事对你很重要，而你的情绪又很强烈时，讲道理完全不能成为化解这种情绪触发点所需的技能。

反过来想想。你是否碰到过这样的情况：你想让别人理解一些对你来说很重要的事情，但你却感觉对方没有在认真倾听？如果你也体会过这种沮丧感，那么你通常会本能地针对这种情况做出两种反应：你试图强调你的论点（当人们感觉没有被倾听时，他们会大喊大叫）；而当上述做法不起作用时，你又会一言不发（如果某种行为没有得到加强，行为就会停止）。这两种方法都不能进行有效的沟通。

你可能会从你自己的经验中得知，如果对方试图让你放弃自己的观点，或试图通过讲道理反驳你的观点或化解你的情绪时，这种尝试往往是无效的。他或她的尝试可能会暂时让你沉默下来，但并不会真正改变你的观点和感受。当事态变得紧张，或者你认为自己与对方的感情比你自己的需求更重要时，你更倾向于选择用心倾听对方。

当情感关系更重要时

当你在处理自己情绪的过程中，你会确认自己的情绪，同样地，确认也是技巧性沟通的润滑剂。确认是指在不试图改变任何事情的情况下，主动承认困难的存在（在你自己或别人身上）。"等等！"艾米问道，"如果我对某个观点持有不同态度，我要怎么确认它呢？"请你记住，确认并不意味着同意、鼓励或批准。确认对方的观点只是让你意识到对方感觉或想法的合理性。你需要做的，是利用自己的同情心，思考对方为何被身心之车上的乘客劫持，从而陷入了ETA的旋涡。

用心倾听的步骤

为了在人际关系中建立更多的信任，最终放弃自己总是"带着甜甜圈"的习惯，艾米在我的办公室里练习了以下步骤，然后将其应用到了与他人的交往过程中。你可以请一位值得信赖的朋友帮助你按照以下步骤进行角色扮演，这样你就可以练习你的倾听技巧了。

第一步：注意你自己的反应。在谈话中，如果你开始走神，思考自己下一步应该说什么时，请记下来。专注于当下时刻，把注意力集中在身体感受上，比如你的臀部坐在椅子上或脚放在地板上的感觉。

第二步：富有同情心地产生好奇。如果你注意到自己对这个人的观点产生了评判性的想法，从而导致了越来越多的愤怒、挫败感，甚至焦虑情绪，你可能需要为另一个人确认他的"心声"（生理因素或者身心之车上的乘客）。会不会是因为压力大，睡眠不好，或者其他什么原因？如果你是对方，你会产生那种感觉吗？或者，是不是过去的经历导致对方身心之车上一个名为"脆弱"的乘客对这个问题产生了反应？

第三步：富有同情心地判断。使用第 9 章中的"换位思考"技巧。试着找到一个立足点，让自己对对方的观点和情绪产生同情。有时候这并不容易做到！当你真的不明白他或她的观点或情绪从何而来时，你可以通过询问更多信息让他知道你在乎他（例如，说"帮我分析一下"，或"多说点，这样我就能更好地理解"）。

第四步：表达理解。通过你的语言和你表达的方式来表达理解！

·使用肢体语言：身体倾斜并保持眼神交流（不要翻白眼）。

·使用一种亲切的语气：你的语气往往比你所说的任何语言对对方的影响更大。确保你的语气中没有讽刺或刻薄的意味。

·口头表达：说"我能理解你为什么这么想"或"从你的角度来看这确实是合理的"。

随着时间的推移，当艾米在她的人际关系中练习这种技巧时，她注意到其他人对她的反应不像以前那么强烈。当你在人际关系中更加用心、更加富有同情心地倾听对方时，你很可能也会注意到这一改变。你也可能会发现，用这种方式交流时，你会感觉更好。当我们向他人富有同情心地确认对方的情绪和观点时，我们放弃了关于"对和错"的执念，换取了更有效的沟通。归根结底，这样做不是为了对方，而是为了你自己！这种练习从两个方面让你受益。你放弃了评判带来的压力，对这段关系进行了投资。而这项投资会为将来你更有效地获得所需的支持和联系奠定基础。试想一下，如果我们都能够应用这种沟通技能，而不是根据过去的经验机械地做出反应，那么沟通会变得更加顺利。

坚持自己的想法：优先考虑你自己

在本章的开篇语中，索菲亚·阿莫鲁索坚定地宣称："你不能指望全世界都能读懂你的心思。你必须直截了当地说出来。"这一事实很简单，却也令人沮丧。不过，巧妙地把自己的心思表达出来也很重要。很多时候，由于我们心中的消极偏见，我们会把注意力集中在我们不想要的东西上，而不是我们真正想要的东西上。很多时候，我们知道自己想对某种情况产生不同的感觉，但却并不清楚我们到底想要什么。

明确你的需求

妮娜经常失去在适当时机寻求帮助的机会，因为她经常觉得别人要求太多了。她不想对别人强加些什么，更不想让别人因为她产生她童年时经历的那种窒息感。妮娜之所以难以应对，是因为她认为向别人提出需求会让别人窒息。她表达了她的沮丧："我觉得我无法很好地处理自己的工作。我的老板只是简单地给我分配了这个项目，却期待着奇迹的出现！"但和我们很多人一样，她并不清楚自己到底想从同事那里得到些什么。

要想让别人满足你的需求，关键在于通过行动，清楚明白地确认自己到底想让别人产生什么行为，以帮助自己产生自己想要的感受。有效的沟通对每个人都有好处。当我们通过行动清楚明白地提出需求时，这实际上减少了其他人因不确定性产生的不适。你让他们确信，他们有能力满足你的需求，这实际上对他们也有好处。当人们可以划掉清单上的一项任务并对自己说："完成！"时，他们也会产生良好的自我感觉。

妮娜和我探讨了她的具体需求，以及她的上司或更有资历的同事可以采取哪些行为来帮助她感受到更多的支持。她坦言："嗯，我想如果能定期开会并提出问题，那就太好了。""但这不会要求太多吗？"当我们统计妮娜这个需求需要考虑的因素（来自表11.1）时，我们发现妮娜的情况更符合左侧栏的因素。提出要求对于妮娜的处境来说的确很合适，因为她做事情基本上都是为了自己。提出这个要求显然有利于她在生活中实现更多的价值，只不过她需要找个合适的时间。虽然妮娜人际关系的牢固程度仍不明晰，但定期开会可能会让情况有所改善。现在，是时候运用技巧、采取行动来表明自己的立场了。

有效建立主张的步骤：VAR 技能

在你检查了需要考虑的因素，并通过行动，清楚明白地确认了自己的需求是什么之后，在人际交往的过程中运用技能建立魄力的关键在于，在你的确认技能和改变技能之间取得平衡。下面是我称之为VAR 技能的步骤：确认、（通过行动，清楚明白地）建立主张、强化。

第一步：确认对方的观点。从设身处地为别人着想开始。思考并承认你可能为他人造成的不适感。相比做别人希望他们做的事情，人们更愿意去做那些大家都认为困难的事情，同时也不希望这些事情的困难程度被一笔带过。

对于妮娜来说，这一步意味着她需要确认自己的主管有多忙，并询问他定期开会是否会为他带来不便。当你需要向某人提出需求（或说不）的时候，请尽可能从一个确认声明开始："我知道你非常忙，所以我也不想打扰你""我能理解你产生这些情绪或想法的原因"，或者只是简单的一句"我听到了你的意见"。

第二步：通过行动，清楚明白地建立主张。如果你找不出自己的需求，也没法理清自己的观点，那么这说明你的表达不够清楚。通过行动，清楚明白地陈述你的要求或拒绝请求可能是最难的部分，我们会因为直接的表达感到尴尬和焦虑；我们会放弃、顾左右而言他，但通常我们不会直截了当地说，"我可以……吗？"或者"我做不到"。妮娜和我进行了角色扮演练习，我让她直接大声说出她的具体要求。如果需要说"不"，请不要只是描述你对做这件事的感受，而是要确认做这件事会给你带来的不便并真正说"不"。

　　第三步：强调对他们的好处。记住，当一种行为能够产生积极的反馈或避免不适感时，它会得到强化。本书的目标是让其他人了解你提出的请求对他们来说也是一种帮助（或避免损失）。请告诉他们这对他们有什么好处。妮娜清楚地明白这一点。她诚恳地相信，如果她和同事有定期的交流，并且有机会让同事明确自己的想法，她就会在工作中表现得更好。

　　这种强化可能是一次简单的交流，"如果你为我做这件事，我会为你做另一件事"。或者如果这段关系很牢固，你可以简单地告诉对方，他或她对你伸出援手会产生多大帮助。当你说"不"的时候，你可以考虑另一个替代方案，稍微妥协一下。

　　练习技巧。要格外小心，不要让你试图改变的行为引起麻烦。有时候，当别人试图做我们需要他们做的事情，却没有达到我们的期望时，我们会报之以抱怨或批评。请一定要奖励自己朝着目标迈出的每一小步。在建立主张之前，先对自己所做的努力表示感谢。

　　✍ **暂停。** 请再次回顾你一直在考虑的请求或拒绝。想象一下真正做出请求或拒绝时的场景，并在你的笔记本中写一个迷你脚本来说明你会如何使用 VAR 技能（确认、建立主张、强化）来练习这项技能，以获得诀窍并建立你的自我效能感（个体对自己是否有能力完成某一行为所进行的推测和判断）。

如果情感关系是你的目的所在

恋爱关系可以成为我们成年生活中最大的快乐、满足和痛苦的来源之一。如果我们的情感关系足够健康，它们就可以提高我们的生活满意度和幸福感，甚至可以缓冲压力带来的影响（基科尔特·格拉瑟和威尔逊，2017）。但如果我们的情感关系中出现问题同样也会加剧抑郁、焦虑和药物滥用的症状（盖博和因佩特，2012）。我们可能会陷入"疯狂的爱情"中。

杰西卡在大学生活中遇到的所有困难有很大一部分来自她和男朋友的异地恋。她的感情是她最看重的。所以她会不遗余力地去付出她的爱和支持。她会开车去见男友，做一些暖心的事情，努力成为"一个很棒、有趣、随和的女朋友"。听起来不错，对吧？这个模式可能出现什么问题？

如果好心做了坏事

如果我们按照自己的价值观行事，事情会变得令人困惑，杰西卡和艾米就是这样。杰西卡的情绪越来越容易被触发，因为她的男朋友和她视频聊天或开车去看她的次数越来越少。他越是冷淡，杰西卡就越会根据她的价值观，为男朋友提供爱和支持。

这种模式有什么问题？我们也会被我们名为"愉悦"的乘客劫

持！当我们沉迷于良好的感觉而推开不适的感觉时，我们往往不能做出对实际情况最有效的行为。尽管杰西卡的行为（带晚餐、开车去见他，等等）肯定符合她的恋爱价值观，但她的行为越来越无法有效接近她的目标（增进和男朋友的感情），而越来越多地是为了紧紧抓住她的爱人，安定她身心之车上名为"孤独"和"焦虑"的乘客。杰西卡陷入了典型的"过度卑微"的怪圈中，无法向男友表明自己的需求。

在与他人的每一次互动中，我们都在以某种方式告诉他们，他们可以对我们期望或要求些什么。我们不断在双方制定的边界上试探、拉扯，并对此产生微妙的反应，而对方往往会从我们的反应中了解我们。你在这本书中学到的第一件事就是，人类会主动地做自我感觉良好的事情而回避令他们不舒服的事情。所以，如果你想让别人产生某种特定行为，可以从两个方面影响他们：奖励他们的行为或减少他们的不适感。杰西卡的行为之所以不起作用，是因为当她对自己身心之车的乘客做出反应时，她没有以有效的方式设定限制，没能让她的男朋友了解什么能让他们的关系更加长久。

在我们的关系中设定限制并不仅限于要求和拒绝。我们会以各种微妙的方式设定限制，我们会（有意识或无意识）奖励或惩罚周围人的行为。当我们探讨杰西卡是如何助长（或支持）男友那些她不喜欢的行为时，杰西卡反驳说，"我不会玩那些愚蠢的游戏！那些方法是在试图操纵对方，而我希望我们的关系是真实的"。所以无论他怎么做，杰西卡都加倍地付出爱和支持，但这并没有让男友做出她想要的行为。杰西卡也许希望她的男朋友能良心发现，意识到她是多么慷慨。但由于人类天生就是习惯性的生物，她的男友会自然而然地认为这些事情是理所当然的。而更重要的是，她拒绝为他提供另一个让他做出她想要的行为的动力——让他拥有自己的空间，他会开始想念她。这样就可以减少她为男友带来的不适感。

暂停。 你的身心之车有没有被名为"爱"的乘客劫持过？你是否曾经不得不在以下两者中做出选择：（1）做那些感觉上让你们的关系更真实的事情；（2）为了使你们的感情长长久久而设置限制？

如果情感关系是你的目标所在，你会很容易混淆什么是朝着目标下定决心、付诸行动，而什么是更加微妙的、由潜在乘客驱动的行为。有时候，即使我们在按照自己的目的行事，我们也不得不退后一步，做一个双重考虑，然后问，我所做的是有效的吗？所以我们重新讨论了这个问题。"帮我回想一下，你的目标是什么？"我问。她回答："当然是要拥有一段充满爱和支持的关系！"为了帮助她维持这种关系，我对她说："当你按照这个目的行事时，你需要什么才能感觉自己在正轨上行进？"于是，杰西卡重新开始了这趟心路历程，她再次问自己："我需要什么（通过行动，清楚明白地）？"时，她必须检查这些因素，然后：确认、建立主张、强化。

当乡村居民遇上城堡居民

在这一旅程之初，我们就要求你思考如何与你的内在体验建立联系。你更像是城堡居民还是乡村居民？你是否重视自己的独立性、倾向于"最小化"或强行压制不适感？还是你更倾向于体验，能够在关系中茁壮成长，并寻求更深层次的关系？正如你所见，这两种模式都有各自的优势和劣势。

当你反思自己身上的这些品质时，你很有可能在人际关系中考虑这些特质。关于城堡和乡村的关系，你应该知道的最后一件事是"异性相吸"。在乡村模式中，我们倾向于努力建立联系，可是城堡居民疏于理解我们的感情，而最初我们会忽视这一点。我们所看到的只是他们墙壁上的光芒，以及那些似乎拥有一切的人生赢家。乡村居民常常会放低姿态，以求进入城堡之中而无法说出自己的需要。同时，我们的城堡居民却在想："这太好了！""她或他和我想要的东西是一样的！"或者"我可以拯救这个敏感的灵魂！"

随着时间的推移、关系的日益密切，每一方都倾向于了解对方更多的品质。也就是说，当城堡居民把他们的城墙竖起来，把困难的内在体验拒之门外时，人们通常会认为他们缺乏同情心，而这往往会在不经意间引起乡村居民更强烈的同情。相反，当处在一段关系中的乡村居民表达了强烈的情感时，她的城堡伴侣则更有可能竖起他的城墙！城堡居民对自己的情绪不太了解，所以他们对他人情绪的反应和对自己情绪的反应是一样的。

在你的关系中，如果你注意到自己进入了一种或另一种模式，请小心！如果你感觉自己城堡的城墙因无视或防御心态而被拉起，你需要练习你的同情心和确认技能。如果你感觉到你内心深处的乡村居民因为你觉得自己被逐出了城堡而变得恐慌、心生不满，那么你需要首先运用你的自我同情能力和情绪调节技巧。然后，当需要考虑的因素对你有利时，温柔地询问并确认你的伴侣的困难，通过行动，清楚明白地获得你需要的关注。

第

10

章

∨∨

从自动驾驶转向正念掌握

　　我可以对过去感到内疚，对未来感到忧虑，但只有在现在我才能行动。专注于当下时刻的能力是心理健康的重要组成部分。

——心理学家亚伯拉罕·马斯洛

　　你太棒了！你已经走了很长的路！为了阅读到最后一章，你进行了一次真正的自我发现之旅。现在你已经明白了，自然界的普遍规律经常会相互作用，让我们所有人都偏离生活轨道。有时，我们身心之车上的乘客会表现出消极情绪或情绪低落等症状。而有时，我们又很难真正看到自己身心之车上的乘客。我们所看到的只是我们对乘客产生的外在反应，这些反应行为的确能够让乘客保持沉默，但却阻碍了我们的幸福和成功。在你继续驶向通往成年的道路上，有一个关键的要点，那就是：虽然你的身心之车上有那些会令你产生不舒服的想法和感觉的乘客，但这并不是你的错！它们会让你的生活更富有挑战性，但同时，你也可以练习有意识地把注意力转向它们，用你的技能来确认你的情绪、检查你的想法、控制你的行为，这会大大削弱乘客给你造成的影响。

到了这一阶段，你已经能够意识到，人类会本能、自动地回到自己已经僵化的习惯模式。因此，你需要通过确保自己明确以下三个方面：自己独特的自动驾驶习惯模式、能够触发它们的各种情况以及如何在它们被触发时激活自己的情绪调节技能，从而为自己的成功做好准备。在最后一章中，你将把上述所有的内容都整合到一个简洁的行动计划中，让你在进入并超越成年的过程中能时刻掌控自己。在本章中，你将总结自己仪表板中的模式，并将它们与你发现的最有效的技能联系起来。

未雨绸缪：为主导自动驾驶仪做好准备

我们都想更好地掌握技能，直到生活中那些情绪触发点找到我们并对我们产生影响。刚开始的时候，情况几乎总是这样：当我问客户他们是否使用了他们的技能，或者考虑他们可能使用哪些技能时，他们的回答都是一样的："没有！我崩溃了"或者"我想我忘记了"。

假如你不是一个任性的人（考虑到你已经阅读到了这里，我想你也不会是），你在需要运用技能时，存在两个原因让你不使用它们。

第一个原因是你仍在培养你的掌控力和熟练度。就像所有的技能一样，只有随着时间的推移，我们才能够对技能的应用、相应行为带来的感觉了如指掌。如果你曾经学过某种乐器，你就知道那种在成功演奏一首曲子之前必须反复摸索的感觉。在继续学习有意义地调节身心之车的过程中，你需要长期坚定自己的决心才能使这些步骤和感觉变得更自然。

我们不能使用技能的第二个原因是：一旦对这种技能了如指掌，你必须将这些练习应用到各种不同的境况中。这就是为什么电话辅导成了杰西卡治疗计划的一部分。无论是练习"主动之手"还是"缓慢而富有节奏地呼吸"技能，坐在家里进行这些练习比在你的生活真正分崩离析时练习要简单得多！你需要在各种不同场合练习你的技能，这样你就可以在任何境况下灵活地运用它们。虽然我不能为你提供电话辅导，但是我会告诉你如何了解你的自动驾驶模式并在出现问题时制订一个周全的应对计划。

弄清楚你的模式

在你收集仪表板并建立你对事件之间关系的意识时，出现了什么样的模式？请记住，情绪习惯模式之所以会出现，是因为它们能够发挥作用，以某种方式帮助你感觉好一些或不那么差的同时，这种模式是会反复出现的。因此，要密切关注特定的思想或行为习惯，这些习惯也许能够（无论是有意还是无意）起到减少或避免短期不适的作用。但如果你发现了一个模式会让你所做的事情或你的思维方式阻碍你朝着自己的目标和价值前进，那么你就找到了一个需要改变的模式！

！暂停。 如果你已经收集了全部的仪表板，但却仍然无法辨明你的模式，请通过《识别你的情感模式》获取详细步骤。

从自动驾驶转向正念掌握

现在，是时候通过将你的自动驾驶模式与你正念掌握练习计划中的各种技能联系起来，为你的成功做好准备！为了维持一个健康、灵活的 ETA 系统，在本节中，你将为你的情绪自我关怀制定一份个性化处方。如果你识别了不止一个模式，你可能需要做一些额外的练习计划，针对每一个模式或触发点，以帮助你明确如何有效地应用技能。你可以在《练习手册》中找到《正念掌握练习计划》表。为了帮助你了解这一切是如何结合在一起的，让我们来看看杰西卡、妮娜和艾米选择了哪些技能来实现她们的正念掌握练习计划。

乡村居民模式的练习计划：杰西卡

在旅程之初，杰西卡正与令人绝望的孤独感做斗争，这些影响了她的学业成绩和情感关系。正如你所看到的，当名为"孤独"的乘客出现时，这个敏感的乡村居民很难处理生活中的其他事情。她独自一人的事实触发了她的ETA（情绪、思想、行为）调节器，使她产生一系列强烈的身体感受、思维扭曲和行为冲动。为了更有效地实现她的正北价值，她选择了一些能够帮助她调节自我情绪的技能（如表10.1）。

表 10.1　杰西卡的正念掌握练习计划

正北：1. 保持健康的人际关系；2. 创造力 事实：长期独处，有未完成的任务	
自动驾驶	**正念掌握**
情绪：孤独、焦虑（心跳加速、呼吸急促）、悲伤、抑郁、愤怒	**确认**： 技能1：定义情绪，使用确认声明技能 技能2：利用一条咒语进行"主动之手"练习 技能3：自我同情练习
想法：没人在乎我！我在这个世界上是独自一人这不公平！如果我痛不欲生，人们就应该关注我！	**检查**： 技能1：关注思维扭曲、灾难型思维、"读心术"和评判性思维 技能2：问：这个想法百分之百正确吗？ 技能3：换位思考
行为冲动：寻求安慰（发短信或打电话，直到获得支持），大发雷霆、拖延（或睡觉、网上冲浪、抽烟）	**改变**： 技能1：冰块、淋浴或泡澡 技能2：富有节奏地呼吸练习 技能3：反向行为，回顾选择让谁承担不适时需要考虑的因素，"VAR"我的需要

　　如果你一直能够与杰西卡的高度敏感和自我调节困难倾向产生共鸣，你可能会发现她选择的那些技能对你的生活很有帮助。正如你在她正念掌握行为技能中所看到的，她从第 8 章中选择了两个"现在就需要"的技能：学会用冰块（或淋浴、泡澡）和富有节奏地呼吸。这些在生理和情绪方面帮助杰西卡减少了一些对她的初级情绪（孤独）产生的次级反应。一旦她能够建立起对痛苦的承受能力，她的技能目标就是增加她使用自我同情和自我确认的主动性，而不是过度依赖于她寻求安慰的习惯。她会练习其他技能，帮助她抓住重心、坚定自己的决心并改善与男友的关系。

城堡居民模式的练习计划：妮娜

　　城堡女孩妮娜的问题源于她情绪调节过度的倾向。她的完美主义自动驾驶习惯使她远离自己的情绪，以至于她无法将其作为信息、动力和与他人联系的来源。这让她有一种麻木的感觉，不知道自己到底在乎什么，不确定感引发了一阵焦虑和沮丧。她的反应也使她很难与他人建立联系和维护自己的形象，从而导致她在工作中缺乏支持。

　　如果你和妮娜产生了更多共鸣，你可以考虑应用我们在她的练习计划中增加的一些技能。正如表 10.2 所示，妮娜选择的技能更多的是倾听自己的情感信息，也就是自我同情的练习，即对抗自我评判、与自己的痛苦建立联系并意识到这种痛苦只是人类普遍体验的一部分，这对于她（和你）来说是至关重要的。最关键的练习是让她从自己的经历中意识到怀疑、焦虑或失望的感觉是可以接受的，她能应对它们。她一直在练习，你也可以！她还根据自己最新找到的价值，在她名为"不确定"的乘客面前进行了"想象成功"练习。妮娜说，她需要下定一定程度的决心以避免自己陷入只有"及格—不及格"两种结果的境地，因为这种极端的想法只会增加她焦虑和逃避的情绪。

表 10.2　妮娜的正念掌握练习计划

正北：真实、可以依靠的关系 事实：新的任务或人际交往的需要	
自动驾驶	**正念掌握**
情绪：怀疑、焦虑、沮丧	**确认：** 技能 1：自我同情和进行情绪点名练习 技能 2：呼吸、身体、声音冥想练习 技能 3："想象成功"练习
想法：如果我不了解，我就会失败！"读心术"：如果我提出需求，我就会感到窒息。例如"我不在乎"的想法	**检查：** 技能 1：注意自己转移注意力或囿于未来的倾向，并将注意力重新转移到自己的身上来 技能 2：注意"最小化"和"读心术" 技能 3：检查事实
行为冲动：勉强自己、拖延、回避新的或亲密的社交场合	**改变：** 技能 1：自我关怀：仁爱冥想 技能 2：反向行为：不要逃避。为目标设置不同等级 技能 3："VAR"我的需要、我的决心

脆弱城堡居民模式的练习计划：艾米

　　艾米对生活的热情经常使她难以放慢脚步，做出更明智的决定。当她对一个项目产生兴奋、愉悦等感受时，她的模式就会开始启动，但随后会引发越来越多的焦虑和挫败感，最终使她自己（和其他人）精疲力竭。她的模式导致了她情绪的起伏，这使得坚定决心和维持关系变得更加困难。艾米需要一些技能来帮助她放慢速度，捕捉能够预示乘客反应的危险信号，这些乘客通常会导致冲动和自我评价过高。

　　艾米的练习的目的是搞清楚"兴奋"是从什么时候开始变成"紧张"的，尤其是当更多的评判性想法开始出现的时候。为了帮助自己预防周期性失调，她在日常练习中融入了主动接受咒语。这有助于她放慢脚步，在采取任何行为或建立主张之前，检查需要考虑的事实和因素（表9.1）。她还确定了一个目标等级，以帮助自己继续寻找另一份工作。因为她在情绪上往往会经历周期性的起伏，所以要想在敏感的身心之车中保持平衡，她就必须具备自我关怀的技能。在家里，她会练习仁爱冥想，帮助她建立一种与他人更友好的联系（而不是竞争）。"放马过来！"练习可以让她更加有效地进入困难情绪并抽离，而不是无法自控地陷入全速前进模式。（见表10.3）

表 10.3　艾米的正念掌握练习计划

正北： 工作与生活的平衡（创造力、经济保障、人际关系、慈善事业）

事实： 我可能对自己的权力地位产生忧虑的情况：权威人物、情感关系、找新工作

自动驾驶	正念掌握
情绪： 兴奋、热情、焦虑、嫉妒、挫折、愤怒、疲惫、沮丧	**确认：** 技能 1：自我同情、仁爱冥想 技能 2：回顾我的确认声明 技能 3："放马过来！"练习
想法： 我能做到。如果我不掌握权力，他们就会不尊重我。评判：找别人的问题	**检查：** 技能 1：练习主动咒语 技能 2：检查事实，和选择让谁承担不适时需要考虑的因素 技能 3：换位思考
行为冲动： 控制、建立主张、吹毛求疵、抱怨、暴饮暴食、独自一人、忽视自我关怀、睡眠过量	**改变：** 技能 1：自我关怀：冥想，做瑜伽，吃健康的晚餐，按时睡觉 技能 2：反向行为 技能 3：下定决心并行动

建立你自己的正念掌握练习计划

现在是时候设计你自己的正念掌握练习计划了。使用一些关键词，写下你在第 5 章中确定的价值，以及情绪被触发时的情况。下一步，列出你在左侧栏中发现的最常见的情绪模式（包括所有的身体感受）、想法和行为冲动。

下一步是浏览第 6 章到第 9 章的所有技能，选择其中对你最有

帮助的，并将它们添加到相应的空白处。将你的确认、检查和改变技能与 ETA 模式相匹配，这样可以帮助你为每个组成部分选择合适的替代方案。如果你与妮娜的共鸣最强烈，并且倾向于情绪调节过度（逃避、抑制和改变你的情绪），那么你的目标是选择那些能帮助你感受并确认你（和其他人）情绪的技能；而如果你像杰西卡一样，倾向于情绪调节不足（难以控制情绪），那么你可以从改变技能开始，先一步完成自我调节。

最终，一个健康、灵活的情绪调节系统将始终包括确认情绪、检查想法和改变行为的过程。有效地应用技能意味着你要和乘客建立更好的关系，就像一个优秀的家长一样，用心去关爱它们，不要让它们主导你的身心之车！你的正念掌握练习计划会提醒你如何在帮助自己坚定对重要事情的决心的同时更友善地关注乘客。继续练习，你会实现你理想中的成年生活、成为一个合格的大人！

检查发动机！

我们的身上都有独特的警告信号，表示需要重新启用我们的技能。在你的仪表板上，有哪些信号表明你需要注意你的身心之车？最明显的危险信号往往出现在你的行为中，比如你的自我关怀能力开始下滑、更频繁地陷入争吵、上班迟到或者只是动力不足。你如何确认自己的情绪出现了问题？花点时间好好想想你的警告信号。把这些写在练习计划的背面或者你每天都会看到的东西上。

❗ **暂停。** 你可以把你的练习计划放在哪里以便你经常参考？

重新回顾用户手册

哦，天哪，我们结束了！我想象着你已经自主地完成了这一紧张而富有启发性的过程。我为你感到无比骄傲！正如你所看到的，这不是你可以随便翻阅一下，完成几项任务，然后说，"完成！"的情绪调节技能，成为一个合格的大人是一场持续不断的自我发现之旅。

在通往成年的道路上，你需要不断找出什么能让你保持前进的动力。你的技能将帮助你分辨哪些曾经有用的东西现在不再起作用。你的仪表板上的组成部分和正念掌握练习计划将保持不变，但里面内容会不断更新，就像你也在不断成长一样。

我很荣幸能在这个过程中成为你的向导。我要表达的最后一个想法是：路很长，你的道路会不断变化。你自己的正北价值将指引你下一步的发展方向。会有弯路的，但没关系。只要你时刻关注自己的正北价值，你就能够想办法回到正轨。善待自己的情绪、看淡自己的想法并恪守自己的承诺与决心。

祝你健康，拉腊

致 谢

2017 年冬天，一个星期三的晚上，我站在走廊里，双臂交叉、眉头紧皱，我跺了跺脚，抱怨道："我的书永远不会出版！"由于刚刚经历了一场疾病，我开始失去信心，我担心我所撰写的一页又一页的书稿最终会进入电脑中的回收站。

然而，第二天早上，在一次与学生的研讨会议上，我收到了一封邮件。

亲爱的菲尔丁博士：

我是 New Harbinger Publications 的采购编辑。我读了您的文章和博客，您基于正念认知疗法领域的研究和您的网站"正念掌握"令我很受启发。我想问您是否考虑为 New Harbinger 写一本关于正念和情绪调节的书。如果您愿意的话，我很乐意与您一起探讨这个想法。

我当时真是目瞪口呆，我甚至问了我的学生，邮件的意思是不是我所理解的那样。我会永远感激伊丽莎白·霍利斯·汉森给了我的这个处女作一个机会，把我领进了一段名为《成年人情绪自救手册》的探险之旅。

在创作这本书从构思到结稿的整个过程中，我都把这项工作称为我的孩子——从我自己的经验和第三代认知行为疗法领域杰出人士的智慧中诞生的。特别感谢史蒂芬·海耶斯博士和玛莎·林汉博士富有远见的头脑，这两位博士分别是接受和承诺疗法（ACT）和辩证行为疗法（DBT）的创始人，本书的内容就是基于这两个理论展开的。

在踏上这段旅程之前，我从未想过，一个人要想从头脑中得出一个想法并形成你现在读到的文字，需要花多少时间。我非常感谢 New Harbinger 大家庭中的每一个人，正是凯勒布·贝克维思（Caleb Beckwith）帮我打磨我的观点并使其表达更加清晰。感谢您耐心地帮助我清除头脑中的杂草。虽然我对细节的关注有着毕生的执念，但在头脑中的杂草被清除、信息被有效传达之后，格雷特·哈坎桑的帮助依旧对弥补书中细微的不足起到了至关重要的作用。非常感谢你陪我跑完到达终点前的最后一圈！

也感谢 New Harbinger 的员工想出了一个如此引人入胜同时又一针见血地突出了本书主旨的书名，感谢他们所有人。

最后，感谢我一路上遇到的所有老师。我创作这本书是为了帮助那些被困在我们大脑制造的陷阱中并苦苦挣扎的人。对于那些我曾经爱过但又无法提供帮助的人，我很感激你们教会我的东西，希望这本书能帮助更多人克服成年道路上的阻碍。

© 民主与建设出版社，2021

图书在版编目（CIP）数据

成年人情绪自救手册 / (英) 拉腊·菲尔丁
(Lara E. Fielding) 著 ; 张心怡译 . —— 北京 : 民主与
建设出版社 , 2021.7
书名原文 : Mastering Adulthood
ISBN 978-7-5139-3581-4

Ⅰ . ①成… Ⅱ . ①拉… ②张… Ⅲ . ①情绪 – 自我控
制 – 通俗读物 Ⅳ . ① B842.6-49

中国版本图书馆 CIP 数据核字 (2021) 第 109267 号

MASTERING ADULTHOOD: GO BEYOND ADULTING TO BECOME AN EMOTIONAL
GROWN–UP By LARA E. FIELDING, PSYD, Ed. M.
Copyright: © 2019 BY LARA E. FIELDING
This edition arranged with LARA E. FIELDING, PSYD
Through BIG APPLE AGENCY, INC., LABUAN, MALAYSIA.
Simplified Chinese edition copyright: 20XX BEIJING MEDIATIME BOOKS CO., LTD.
All rights reserved.

著作权合同登记号 图字：01-2021-3622

成年人情绪自救手册
CHENGNIANREN QINGXU ZIJIU SHOUCE

著　者	［英］拉腊·菲尔丁	
译　者	张心怡	
责任编辑	程　旭	
封面设计	柒拾叁号	
出版发行	民主与建设出版社有限责任公司	
电　话	（010）59417747　59419778	
社　址	北京市海淀区西三环中路 10 号望海楼 E 座 7 层	
邮　编	100142	
印　刷	北京盛通印刷股份有限公司	
版　次	2021 年 7 月第 1 版	
印　次	2021 年 7 月第 1 次印刷	
开　本	880 毫米 ×1230 毫米　1/32	
印　张	6.5	
字　数	128 千字	
书　号	ISBN 978-7-5139-3581-4	
定　价	48.00 元	

注：如有印、装质量问题，请与出版社联系。

初级情绪表

情绪	行动倾向	传达的意义	背后的需求
悲伤	行动迟缓、退缩、疏离、哭泣	失去了一些东西	治愈
恐惧和焦虑	逃跑！躲避、僵硬	有危险！存在威胁！	安全感
愤怒	（言语或肢体）攻击、大声说话	有人得到了好处，这不公平！我的想法不被人认可	保护自己、划清界限
厌恶	转移视线、皱起鼻子和嘴巴	我不要吃这个，这对我没有好处	远离令人不适的事物
爱	关心、爱护、保护、表达善意	对方是值得被爱的，保持亲密接触	沟通，维系情感关系

仪表板练习说明

对于你在阅读本书时需要做的所有练习来说，仪表板练习是一个基础。下文是有关如何完成表格的详细说明。

为什么使用仪表板表格？

填写仪表板表格有三个主要的目的：

1. 你将培养日常生活的正念习惯，尤其是培养你识别事件之间联系的能力。仪表板表格将帮助你识别 ETA（情绪、想法、行为）调节系统是如何触发的。

2. 通过练习，你将会了解到是怎样的模式导致了你那毫无帮助的反应。

3. 在看清你的情绪模式之后，你就会知道什么时候需要使用你的技能！

什么时候使用仪表板表格？

当你注意到自己的苦恼情绪，发现自己在逃避、拖延或做出与你真正的价值观和目标不一致的选择时，请使用仪表板表格。痛苦和逃避是一个信号，代表着一些你需要有意识关注的事情正在悄然发生。你所要做的，就是在注意到以下情况时，尽可能及时地将你的体验填入到表格中：

· 你的情绪反应加剧，或者对某事感到非常紧张。

· 你在逃避或拖延你需要做的事情（包括本书中的练习！）。

· 你做出了你想改变目标的行为。

练习建议。 如果你在完成仪表板表格之后还是没有什么概念，那么请试着在脑海中思考自己尚未完成的目标。在表格中写下"想起了我的……目标"，然后按照下面的指示完成表格的剩余部分。

如何使用仪表板表格？

事实是外部事件（事件、地点、时间和人物），事件的任何观察者都会得出相同的结论（比如我在工作、和同事交谈或者在单位或学校做一个项目）。不要详细说明或添加解释、假设或反应，这些内容需要填在后面的表格中。

想法是你的解读。当出现特定情境或者当你注意到自己的痛苦或逃避情绪时（例如，"这好尴尬，他们认为我很奇怪，我如果开口就会说些蠢话。我做不到！"），你的脑海中会浮现出一些事实，想法就是你对这些事实的解读（图像、记忆、信念或假设）。不妨问问自己，这些事实对我意味着什么？这些事实对我的未来、我自身或其他人意味着什么？你可以把所有的想法全部写下来，请尽你所能找出最有冲击力的想法。

练习建议。如果你注意到的想法主要是以问题的形式出现的，请把它们写成陈述句。例如，如果这个想法是"我应该怎么做"，你应该写下"我不知道该怎么办"。如果你有很多很多想法，请写下那些与当下情境最相关的、与你写下的情绪最一致的想法。

情绪是你情感体验的描述词。情绪会受到所有情感体验的影响，请你根据本书的要求把它们分为不同的类别。所以请尽你所能找到相应的词，比如"悲伤""愤怒"或"焦虑"，来描述你的情绪体验。

练习建议。请记住，找到最合适的情感标签是非常重要的。如果你很难找到描述情绪的词语，请参阅第8章中的《情绪及其行为倾向表》。

身体感受是你身体的某个特定部位所经历的生理感觉。请确保对这种感觉的描述提到了身体的某个部位（例如，胸口怦怦作响，手掌出汗，肩膀紧绷），而不是你对自己身体感受的解释（例如，我感觉我的心要从胸口跳出来）。用身体感受的术语来描述这种体验，例如"敏感""迟钝""发痒""激动""压力""温度"，等等。

行为冲动是你对其他因素的反应。最直接的反应可能是逃避事实情境，基于情绪采取行动或找到一种方式尽量减少不适。但有时，"行为冲动"是一种思考方式，或者说是一种认知策略。认知策略的具体例子可能包括分散自己的注意力、改变话题、思考一些更愉快的事情。

而这些方法通常都只是在短期内处理内心不适而忽略了长期的目标。"行为冲动"这一部分非常重要，因为在这一阶段，困住你或让你偏离主要目标的情感习惯很可能会出现！

仪表板表格

说明：当你情绪被触发，企图逃避、拖延或试图改变的时候，请根据你的体验即时填写下表中每个组成部分的内容。

组成部分	内容
事实：客观的人物、事件和地点	
想法：图像、解释、记忆、预测	
情绪：一个情感标签词	
身体感受：身体特定部位的触感、刺痛感、温度等	
行为冲动：你做了什么或想做什么	

组成部分	内容
事实：客观的人物、事件和地点	
想法：图像、解释、记忆、预测	
情绪：一个情感标签词	
身体感受：身体特定部位的触感、刺痛感、温度等	
行为冲动：你做了什么或想做什么	

组成部分	内容
事实：客观的人物、事件和地点	
想法：图像、解释、记忆、预测	
情绪：一个情感标签词	
身体感受：身体特定部位的触感、刺痛感、温度等	
行为冲动：你做了什么或想做什么	

组成部分	内容
事实：客观的人物、事件和地点	
想法：图像、解释、记忆、预测	
情绪：一个情感标签词	
身体感受：身体特定部位的触感、刺痛感、温度等	
行为冲动：你做了什么或想做什么	

组成部分	内容
事实：客观的人物、事件和地点	
想法：图像、解释、记忆、预测	
情绪：一个情感标签词	
身体感受：身体特定部位的触感、刺痛感、温度等	
行为冲动：你做了什么或想做什么	

组成部分	内容
事实：客观的人物、事件和地点	
想法：图像、解释、记忆、预测	
情绪：一个情感标签词	
身体感受：身体特定部位的触感、刺痛感、温度等	
行为冲动：你做了什么或想做什么	

组成部分	内容
事实：客观的人物、事件和地点	
想法：图像、解释、记忆、预测	
情绪：一个情感标签词	
身体感受：身体特定部位的触感、刺痛感、温度等	
行为冲动：你做了什么或想做什么	

组成部分	内容
事实：客观的人物、事件和地点	
想法：图像、解释、记忆、预测	
情绪：一个情感标签词	
身体感受：身体特定部位的触感、刺痛感、温度等	
行为冲动：你做了什么或想做什么	

组成部分	内容
事实：客观的人物、事件和地点	
想法：图像、解释、记忆、预测	
情绪：一个情感标签词	
身体感受：身体特定部位的触感、刺痛感、温度等	
行为冲动：你做了什么或想做什么	

组成部分	内容
事实：客观的人物、事件和地点	
想法：图像、解释、记忆、预测	
情绪：一个情感标签词	
身体感受：身体特定部位的触感、刺痛感、温度等	
行为冲动：你做了什么或想做什么	

组成部分	内容
事实：客观的人物、事件和地点	
想法：图像、解释、记忆、预测	
情绪：一个情感标签词	
身体感受：身体特定部位的触感、刺痛感、温度等	
行为冲动：你做了什么或想做什么	

组成部分	内容
事实：客观的人物、事件和地点	
想法：图像、解释、记忆、预测	
情绪：一个情感标签词	
身体感受：身体特定部位的触感、刺痛感、温度等	
行为冲动：你做了什么或想做什么	

识别情感模式的步骤

如果你在寻找模式时遇到困难，以下说明将帮助你更深入地挖掘事件之间的关系。你需要寻找你体验的每一组成部分（事实、想法、情绪、身体感受和行为冲动）中重复的特定内容。注意每个组成部分之间的关系：特定的事实如何唤起特定类型的情绪、想法和行为冲动。你是否在两个或两个以上的事件中，发现类似的情境引起了强烈的反应？又或者这些境况看上去似乎并不相关，但是否有一个潜在的假设或信念被激活了？

在开始之前，请翻开总结仪表板表格和主仪表板表格。主仪表板表格将帮助你给你的体验进行分类。在总结仪表板表格中，你需要写下从每个仪表板表格中找到的最常见的模式。收集所有已完成的仪表板表格，并完成以下步骤：

第 1 步：检查所有已完成的仪表板表格，并在主仪表板表格上找到与每个条目最匹配的标签。

第 2 步：找到出现在表格上的特定组成部分（事实、想法、情绪、身体感受、行为冲动）中最常见的标签。在总结仪表板表格上对应的组成部分中写下这一标签。

第 3 步：评估包含此标签的所有内容。接下来，找出下一个最常见的、与你在第 2 步中识别出的标签一同出现的标签类型。例如，如果你已经在事实这一组成部分中找出了最常见的标签：不确定情境，那么你需要查找其他四个部分（想法、情绪、身体感受和行为冲动）中最常出现的标签。

第 4 步：在相应的组成部分表格中输入你在第 4 步中找出的内容标签。例如，你可能发现焦虑是不确定情境中最常出现的情绪，把该情绪写在总结仪表板表格的对应空格中。

第 5 步：标记出包含这两个事件的所有场景。重复这一步骤，为第 2 步中识别出的标签找出其余组成部分的标签，并将其填写在相应组成部分的空格里。

这些步骤能让你对模式有一个概念。如果你找到了另一个在第一个模式中没有出现的标签，请重复这一练习。

故障排除

有时，你会很难将你的体验归类为一个简单的标签。因此，有些内容可能看起来能够对应主仪表板表格上的多个类别，或者完全不对应。如果仪表板表格组成部分中的某一内容似乎属于主仪表板表格中的多个类别，请尽可能选择与你最相关的类别。如果没有一个类别看上去是对应的，请思考一下是否能够想出一个新的标签来总结你的即时体验。

定义

主仪表板表格。包含了在特定情境体验的一个组成部分中一系列事件的特定标签。

组成部分。每个仪表板表格上的体验类别：事实、情绪、想法、身体感受和行为冲动。

内容。你填写在仪表板表格组成部分中的词或句子，例如情绪组成部分中的焦虑，或想法组成部分中的评判性思维。

标签。你填写在总结仪表板表格中的特定的泛指单词，能够帮助组织和简化你的描述。例如，如果事实是与朋友在一个聚会上，标签将是人际交往。

总结仪表板表格

说明：在下表中填写你收集的各个仪表板中最常见的模式。

事实	想法	情绪	身体感受	行为冲动
例如： 人际交往	例如： 读心术、评判	例如： 焦虑、沮丧	例如： 紧张、心跳加速、呼吸急促	例如： 暴饮暴食、滥用酒精或药物

主仪表板表格

说明：此表包含一些典型的仪表板表格组成部分的内容，你可以在自己的数据收集过程中找到这些内容。进一步划分你的体验以匹配这些内容标签，这可能有助于你识别事件之间相互联系的模式。

事实	想法	情绪	身体感受	行为冲动
权威人士	非黑即白	气愤、恼怒	身体或面部紧张	逃避、回避或拖延
独处	指责、评判	焦虑、恐惧	头晕、恶心	控制场面、解决问题
原生家庭	一种灾难	厌恶、蔑视	心跳加速	分散注意力
失去	情感推理	嫉妒、怨恨	出汗	滥用酒精或药物、暴饮暴食

事实	想法	情绪	身体感受	行为冲动
表达欲	"读心术"	内疚、后悔	沉重、疲劳	沉默
亲密关系	简化或夸张	孤单、无聊或遗弃感	呼吸急促	过度付出、讨好
不确定性	过度简化	难过、失落	刺痛	沉思、过度焦虑
人际交往	个性化	羞耻、尴尬	僵硬	寻求安慰或过度强势
生病	回忆或联想	激动	病痛	喊叫、斥责、攻击

技能汇总表

下面是第6章到第9章中所有技能的汇总表。当你阅读这些章节时，找出你认为最有用的技能。当你制订你的正念掌握练习计划时，你会再次用到这些技能。

情绪技能	想法技能	行为技能
身体扫描	关注思维习惯，将注意力重新集中于当下	学会用冰块
主动之手	从想法中抽离：重复思考	富有节奏地呼吸
标签和确认声明	从想法中抽离的说话方式（"我注意到我有这个想法"）	紧握并放手
自我同情	主动咒语或主动接受咒语	微笑是情绪的调节剂

情绪技能	想法技能	行为技能
进行情绪点名	呼吸，身体，声音冥想	反向行为
放马过来	水上的沙球	下定决心
想象成功	倾听想法的秘密	自我关怀：富有技巧地冥想、锻炼、禁欲、饮食、睡眠
曝光不确定性	找出思维扭曲	
仁爱冥想	漏掉了什么？检查事实	VAR 技能（有效地建立主张）

头脑风暴列表

确定你可以在未来几周为你的决心采取哪些可以付诸实践的措施，从而进一步缩小你的目标范围。记住，任何行为都是有意义的！你可以在另一张纸上设计一个头脑风暴列表，然后按顺序（从最轻松到最痛苦）写下这些措施。找出需要你富有技巧地应对的潜在障碍。在你进行技能练习时，请选择技能来帮助你克服障碍，并坚定你的决心。

未来几周的决心	痛苦程度	潜在障碍	所需技能

正念掌握练习计划

说明：在这张表格中记录下你在自我发现之旅中学到的能够帮助你成为一个合格的成年人的技能。在最上面写下你的正北方向（价值）和那些容易触发你的情境（事实）。在仪表板表格的左侧列出最常见的模式。在右边为你的每一次体验匹配你认为最有帮助的技能。

我的正北方向（价值）：	
事实：	
自动驾驶	正念掌握
情绪：	确认： 技能 1： 技能 2： 技能 3：

想法:	检查: 技能1: 技能2: 技能3:
行为冲动:	改变: 技能1: 技能2: 技能3: